Esquisse

D'UN

Prodrome d'Histoire naturelle du département du Gard

ESQUISSE

D'UN

PRODROME D'HISTOIRE NATURELLE

DU

DÉPARTEMENT DU GARD

PAR

le docteur J.-M.-F. RÉGUIS.

> Tout le monde a compris que, pour bien connaître les productions de chaque contrée, il faut les étudier sur les lieux et qu'on ne saurait faire l'histoire naturelle et rester vrai dans les détails d'une tâche aussi minutieuse, sans avoir habité de longues années le pays dont on entreprend la description zoologique.
>
> CRESPON. — *Faune méridionale.*

PARIS
J.-B BAILLIÈRE ET FILS
19, Rue Hautefeuille, 19

1894

A LA MÉMOIRE DE MA FILLE AINÉE

MARTHA JEANNE RÉGUIS

Née à Marseille le 19 novembre 1872,

Morte à Villeneuve-les-Avignon le 28 juillet 1890.

Mignoto ! Aviès de bono ouro,
De pieta pèr quau soufris
De preguiero pèr quau plouro
E de pan pèr quau patis !
Mai en t'envoulant, Tourtouro,
As en dòu laissa lou nis !

Esquisse

D'UN

Prodrome d'Histoire naturelle du département du Gard.

L'étude des espèces naturelles que renferme un département est digne du plus grand intérêt, car lorsque toutes les régions auront ainsi fourni la statistique de leur richesse respective il sera alors possible d'établir exactement la liste des êtres qui vivent ou qui ont laissé leurs traces dans la France entière.

C'est ce que l'*Académie de Nimes,* la vaillante *Société d'Etude des Sciences* de la même ville et la *Société littéraire et scientifique d'Alais,* ont parfaitement compris, et, dans chacun de leur volume, le chercheur peut puiser des notes locales et trouver la marque de cette préoccupation constante.

D'ailleurs, cette préoccupation n'a pas échappé à la sollicitude éclairée du Conseil général du Gard et à celle des édiles de nos principales villes, qui par des allocations annuelles ont voulu encourager cette tendance et contribuer dans une certaine mesure à la publication de documents intéressant au plus haut point notre histoire naturelle locale.

L'initiative privée s'est mise aussi de la partie, et, sans parler des œuvres magistrales de Crespon et d'Emilien Dumas, une foule de travailleurs sont venus apporter leur pierre à l'édifice commun. C'est ce que vient de faire tout récemment M. J.-J. Bosc, par la rédaction de son *Tableau de quelques végétaux indigènes,* travail qui donne sous une forme concise, quoique suffisamment nette, la liste des richesses végétales que renferme notre région.

Ce que M. Bosc a fait, non sans mérite, pour les plantes, je viens à mon tour le tenter pour les animaux de notre département. Depuis les remarquables recherches de Crespon et de Clément, aucun travail d'ensemble n'a été publié sur la zoologie du Gard. J'estime qu'il ne sera pas sans intérêt de signaler les modifications que le temps est venu imprimer aux travaux de ces deux naturalistes nimois.

Afin de faire rentrer dans ces simples notes le plus de détails possible, j'ai dû me servir de quelques abréviations, fort intelligibles du reste, comme : C., T. C., R., A. R., E. R., que le lecteur devra lire : commun, très commun, rare, assez rare, excessivement rare.

Puisse, cette simple étude vulgariser la notion scientifique dans un département qui a abrité le berceau de ma famille et qui garde la tombe de mon enfant.

DOCTEUR RÉGUIS.

Villeneuve-lès-Avignon, 1er janvier 1894.

RÈGNE ANIMAL

EMBRANCHEMENT DES VERTÉBRÉS

CLASSE I. — MAMMIFÈRES

ORDRE I. — CHIROPTÈRES. — *Li Rato-penado.* Animaux très utiles, car ils détruisent un grand nombre d'insectes.

Famille I. — Rhinolophidés

Rhinolophe	Grand fer à cheval	Rhinolophus	Ferrum-Equinum, Schreber.	T. C. Grottes, cavernes, carrières, vieux édifices.
»	Petit fer à cheval	»	Hipposideros, Bechstein.	A. R. Id.
»	Euryale	»	Euryale, Blasius.	Espèce à rechercher. Existe dans la Roussillon.

Famille II. — Vespertilionidés

Barbastelle	Commune	Synotus	Barbastellus, Schreber.	Espèce à rechercher. Vit dans les Alpes-Maritimes.
Oreillard	Vulgaire	Plecotus	Auritus, Linné.	A. C. Vieux édifices.
Vespérien	Sérotine	Vesperus	Serotinus, Schreber.	A. R. Il faut rapporter à cette espèce le *Vespertilio incisivus* de Crespon et peut-être aussi le *V. Palustris*, du même auteur.
»	Noctule	Vesperugo	Noctula, Schreber.	A. R. Vieux édifices, trous des arbres
»	De Savi	»	Savii, Bonaparte.	A. C. Il faut rapporter à cette espèce le *V. Nigrans*, de Crespon.
»	Pipistrelle	»	Pipistrellus, Schreber.	R. Vieux monuments.
»	Abrame	»	Abramus, Temminck.	R. Peut-être est-ce à cette espèce qu'il faudrait rapporter le *V. Palustris*, de Crespon.
»	De Kuhl	»	Kuhlii, Natterer.	E. C. Nos habitations. On la confond avec la Pipistrelle qui est rare chez nous.
Vespertilion	De Capaccini	Vespertilio	Capaccinii, Bonaparte.	R. C'est le *Vespertilio pellucens*, de Crespon.
»	De Daubenton	»	Daubentonii, Leisler.	R. C'est le *V. Lanatus*, de Crespon.
»	Echancré	»	Emarginatus, E. Geoffroy.	A. R. C'est le *V. Rufescens*, de Crespon.
»	De Natterer	»	Nattereri, Kuhl.	A. R. Parties montagneuses du département.
»	Murin	»	Murinus, Schreber.	E. C. Tours des remparts d'Aiguesmortes.
»	Moustac	»	Mystacinus, Leisler.	A. R. Région élevées du département. Est peut-être le *V. Latipennis*, de Crespon.
Minioptère	De Schreibers	Miniopterus	Schreibersii, Natterer.	R. Cavernes de la région montagneuse.

ORDRE II. — INSECTIVORES

Famille III. — Talpidés.

Taupe	Commune	Talpa	Europœa, Linné.	T. C. *Taupo.* Plus utile que nuisible. On admet plusieurs variétés, basées sur la coloration.
»	» blanche	»	» Alba.	
»	» tachée	»	» Alba-Maculata.	
»	» grise	»	» Grisea.	
»	» tachée de fauve	»	» Maculata.	
»	» citron d'Alais	»	» Citrina Alésiensis.	
»	Aveugie	»	Cœca, Savi.	Espèce à rechercher. Paraît exister en Provence.

Famille IV. — Soricidés.

Musaraigne	D'eau	Crossopus	Fodiens, Pallas.	A, C. *Rat d'aigo.* Il faut rapporter à cette espèce le Sorex *ciliatus* Sel. dont parle Crespon, p. 33. Mange les poissons. Nuisible.
»	Commune	Sorex	Vulgaris, Linné.	A. C. *Mourre pounchu, Rat dòu mourre pounchu.* Utile.
»	Pygmée	»	Pygmœus, Pallas.	Espèce à rechercher dans les parties élevées du département.
»	Des Alpes	»	Alpinus, Schinz..	Idem.
Crocidure	Leucode	Crocidura	Leucodon, Hermann.	R. Plus utile que nuisible.
»	Aranivore	»	Araneus, Schreber.	C. *Furo dòu mourre pounchu, Musaragno.* **Aussi nuisible qu'utile,** car si elle mange les insectes elle attaque également les petits oiseaux.
Pachyure	Etrusque	Pachyura	Etrusca, Savi.	C'est le plus petit mammifère européen.

Famille V. — Erinacéidés.

Hérisson	D'Europe	Erinaceus	Europœus, Linné.	P. C. *Erissoun.* Très utile, mange les limaces, chenilles, taupes, grillons, etc. On admet 2 variétés qui différeraient surtout par la forme du museau.
»	» variété chien	»	» var. caninus.	
»	» » porc	»	» var. suillus.	

ORDRE III. — RONGEURS.

Famille VI. — Sciuridés.

Ecureuil	Commun	Sciurus	Vulgaris, Linné.	P. C. *Escouriòu.* Montagnes boisées, Nuisible, car il détruit les couvées des oiseaux insectivores

Famille VII. — Myoxidés.

Loir	Commun	Myoxus	Glis, Linné.	P. C. *Racaiet.* Nuisible. Dévaste les vergers et pille les nids des oiseaux.
Lérot	Vulgaire	Eliomys	Nitela, Schreber.	A. R. *Racaiet.* Nuisible. Dévaste les vergers et pille les nids des oiseaux.
Muscardin	Commun	Muscardinus	Avellanarius, Linné.	R. *Rat.* Nuisible. Dévaste les vergers et pille les nids des oiseaux.

Famille VIII. — Muridés. Tous nuisibles.

1° RATS PROPREMENT DITS.

Rat	Surmulot	Mus	Decumanus, Pallas.	C. *Rat, Rat d'Aigo.*
»	Noir	»	Rattus, Linné.	M. C. *Rat, Rat dei gros.* Il faut rapporter à cette espèce le *Mus Alexandrinus*, Et. Geoff., et le *Mus tectorum*, Savi.

2° SOURIS.

Souris	Commune	Mus	Musculus, Linné.	T. C. *Furo.*
»	Mulot	»	Sylvaticus, Linné.	C. *Furo dei champ.*
»	Naine	»	Minutus, Pallas.	R. *Furo.*

Famille IX. — Arvicolidés. Tous nuisibles.

Campagnol	Aquatique	Arvicola	Amphibius, Linné.	Existence douteuse pour notre région. Crespon doit la confondre avec la suivante.
»	De Musignano	»	Musignani, Selys.	C. *Rat d'aigo, Rat grioulet.*
»	Des Neiges	»	Nivalis, Martins.	A. C. C'est A. Lebrunii de Crespon.
»	De Sélys	»	Selysii, Z. Gerbe.	R. Hauts sommets des Cévennes.
»	Incertain	»	Incertus, Sélys.	C. *Rat.*
»	De Nager	»	Nageri, Schinz.	R. Hautes montagnes.
»	Roussâtre	»	Glareolus, Schreber.	A. C. Parties basses du département.
»	De Lavernède	»	Lavernedii, Crespon.	Espèce purement nominale. Est-ce un *Incertus*, un *Pyrenaicus* ou *Subterraneus* jeune ?
»	Des champs	»	Arvalis, Pallas.	Espèce à exclure. N'a jamais abordé notre région.
»	De Savi	»	Savii, Sélys.	C'est l'*A. incertus*, de Selys.
»	Fauve	»	Fulvus, Desmarest.	C'est l'A des champs, espèce du Nord qu'on n'a jamais vue dans le Gard.

Famille X. — Castoridés.

Castor	Fiber	Castor	Fiber, Linné.	T. R. *Vibre*. Bords du Rhône et de ses affluents. Nuisible.

Famille XI. — Cavidés.

Cochon	D'Inde	Cavia	porcellus, Linné.	*Pourquet de mar*. Elevé en domesticité.

Famille XII. — Léporidés.

Lièvre	Commun	Lepus	Timidus, Linné.	A. C. *Lèbre*.
»	Variable	»	Variabilis, Pallas.	A rechercher sur nos hautes montagnes
Lapin	Sauvage	»	Cuniculus, Linné.	A. C. *Lapin*.
»	Domestique	»	» domesticus.	*Lapin*. Elevé en domesticité.
»	Lièvre ou Léporide	»	Timidus-cuniculus.	*Lapin Lèbre*. Elevé en domesticité.

ORDRE IV. — CARNIVORES.

Famille XIII. — Félidés.

Chat	Sauvage	Felis	Catus, Linné.	R. *Cat*. Parties élevées et boisées de la région.
»	Domestique	»	Domestica, Brisson.	*Cat*.
Lynx	Vulgaire	»	Lynx, Linné.	A rechercher sur nos montagnes élevées.

Famille XIV. — Canidés.

Loup	Vulgaire	Canis	Lupus, Linné.	A. R. *Loup*.
Chien	Domestique	»	Familiaris, Linné.	*Chin*.
Renard	Commun	»	Vulpes, Linné.	T. C *Reinard*. Le Renard charbonnier est rare dans le Gard. C'est une simple race.

Famille XV. — Viverridés.

Genette	Vulgaire	Genetta	Vulgaris. G. Cuvier.	R. *Geneto*, *Zeneto*. N'est pas T. R. dans l'arrondissement d'Uzès notamment dans le canton de Villeneuve.

Famille XVI. — Mustelidés.

Blaireau	D'Europe	Meles	Taxus, Schreber.	A. C. *Tai.* N'est pas rare dans le canton de Villeneuve où il cause de grands dégats.
Marte	Des pins	Martes	Abietinum, Ray.	T. R. *Matre.* Parties hautes et boisées du département.
Fouine		»	Foina, Brisson.	A. C. *Fouïno, Matre.* Au voisinage des habitations.
Putois	Commun	Foctorius	Putorius, Linné.	A. C. *Pudis, Rabas.* Au voisinage des habitations.
Furet		»	Furo, Linné.	*Furet.* Elevé en domesticité.
Belette	Vulgaire	Mustela	Vulgaris, Brisson.	A. C. *Moustélo.* Bois et champs.
Hermine	Vulgaire	»	Erminea, Linné.	T. R. *Armino.* Montagnes boisées des pays situés au nord de notre département (Crespon).
Loutre	Vulgaire	Lutra	Vulgaris, Erxleben.	A. R. *Louïro, Loutro.* Bords de nos rivières.

ORDRE V. — PINNIPÈDES.

Famille XVII. — Phocidés.

Pelage	Moine	Pelagius	Monachus, Hermann.	Accidentel. Crespon parle d'un exemplaire capturé sur le littoral du Languedoc et qu'un bateleur montrait à Nimes.

ORDRE VI. — ARTIODACTYLES OU ONGULÉS A DOIGTS PAIRS.

A. — ARTIODACTYLES MONOGASTRIQUES OU A ESTOMAC SIMPLE.

Famille XVIII. — Suidés.

Sanglier	Ordinaire	Sus	Scrofa, Linné.	*Porc-sanglie, Porc sanglu, Vesti de sédo.* Semble avoir disparu de la faune du Gard.
Cochon	Domestique	»	Domesticus, Brisson.	*Porc.*

B. — ARTIODACTYLES POLYGASTRIQUES OU A ESTOMAC DIVISÉ EN PLUSIEURS COMPARTIMENTS.

Famille XIX. — Cavicornés.

Mouton	Domestique	Ovis	Aries, Linné.	*Moutoun, Fedo, Agnéu.*
Chèvre	»	Capra	Hircus Linné.	*Cabro.* C'est la vache du pauvre.
Bœuf	»	Bos	Taurus Linné.	*Biòu, Vaco, Vedeu.*
»	De Camargue	»	» arelatensis.	*Biòu malin.*

ORDRE VII. — PÉRISSODACTYLES OU ONGULÉS A DOIGTS IMPAIRS.

Famille XX. — Equidés.

Cheval	Domestique	Equus	Caballus, Linné.	*Chivau, Cavalo.*
»	De Camargue	»	» arelatensis.	*Chivau-camarguen, Camargo, Ego, Grignoun.*
Ane	D'Europe.	»	Asinus, Linné.	*Ase, Saumo.* C'est la bête de somme de la petite propriété.
»	D'Algérie.	»	»	*Bourrisco.* Introduit nouvellement de l'Agérie, tend à devenir commun pour former de léger attelage.
Mulet		»	Asinus mullus.	*Miou, Miolo.* Hybride de la jument et de l'ane.
Bardot		»	Asinus hinnus.	*Bardot.* Hybride de l'anesse et du cheval. Est rare, car on n'a pas intérêt à le produire.

ORDRE VIII. — CÉTACÉS.

Famille XXI. — Delphinidés.

Dauphin	Vulgaire	Delphinus	Delphis, Linné.	*Por marin.* Vit en troupes nombreuses dans la Méditerranée.
»	Nésarnack	»	Tursio, Bonaterre.	*Souflur.* Rare sur notre littoral.

CLASSE II. — OISEAUX.

ORDRE I. — OISEAUX DE PROIE. ACCIPITRES.

A. — OISEAUX DE PROIE DIURNES, ACCIPITRES DIURNI. Beaucoup de nuisibles.

Famille I. — Vulturidés, Vulturidæ.

Sous-Famille I. — Vulturiens, Vulturinæ.

Vautour	Moine	Vultur	Monachus, Linné.	R. *Votour*. En mai, bords des marécages.
Otogyps	Oricou	Otogyps	Auricularis, G. R. Gray.	Accidentel. Une capture en Provence.
Gyps	Fauve	Gyps	Fulvus, G. R. Gray.	A. R. *Votour*. Hautes montagnes, descend quelquefois dans la plaine pour chercher sa nourriture.
»	Occidental	»	Occidentalis, Bonaparte.	A. C. *Votour*. Hautes montagnes, descend quelquefois dans la plaine pour chercher sa nourriture.
Néophron	Percnoptère	Neophron	Percnopterus, Savigny.	A. R. *Pèro blanc*, *Pelacan*. Arrive en avril, niche et repart en août. Rochers des bords du Gardon.

Famille II. — Gypaétidés, Gypaetidæ.

Sous-Famille II. — Gypaétiens, Gypaetinæ.

Gypaëte	Barbu	Gypaetus	Barbatus, Temminck.	Accidentel. Une capture.

Famille III. — Falconidés, Falconidæ.

Sous-Famille III. — Aquiliens, Aquilinæ.

Aigle	Fauve	Aquila	Fulva, Savig.	R. *Eglo negro*. Nous arrive quelquefois des Cévennes.
»	Impérial	»	Imperialis, Keys et Blas.	T. R. *Eglo*. Accidentellement.
»	Tacheté	»	Nævia, Brin.	R. *Eglo*. En hiver.
»	Névioïde	»	Nevioïdes, Kaup.	T. R. Bords du Rhône, en Camargue.
»	A queue barrée	»	Fasciata, Vieilli.	R. *Eglo*, *Egloun*. Sédentaire au Nord du département.
»	Botté	»	Pennata, Brehm.	T. R. *Eglo*. Deux captures.
Pygargue	Ordinaire	Haliætus	Albicilla, Leach.	A. C. *Eglo-marino*. En hiver.
Balbuzard	Fluviatile	Pandion	Haliætus, G. Cuvier.	A. C. *Gal-pesquié*. Vit par paire au bord des eaux.

Sous-Famille IV. — Butéoniens, Buteoninæ.

Circaete	Jean-le-Blanc	Circaetus	Gallicus, Vieill.	A. R. *Eigloun*. Automne, printemps.
Buse	Vulgaire	Buteo	Vulgaris, Bechst.	T. C. *Russo, Tartarasso*. Hiver.
Archibuse	Pattue	Archibuteo	Lagopus, Brehm.	P. C. *Russo pattudo*. Hiver.
Bondrée	Apivore	Pernis	Apivorus, Bonaparte.	A. R. *Russo, Egloun*. Printemps, automne.

Sous-Famille. V. — Milviens, Milvinæ.

Milan	Royal	Milvus	Regalis, Brisson.	T. R. *Milan, Tartarasso*. Sédentaire.
»	Noir	»	Niger, Brisson.	T. R. *Milan, Russo*. Hiver.
Elanion	Blanc	Elanus	Caeruleus, Bonaparte.	E. R. Accidentel. Une capture, mâle adulte, Nimes.

Sous-Famille VI. — Falconiens, Falconinæ.

Faucon	Commun	Falco	Communis, Gmelin.	R. *Mouisset dei gros, Grand Mouisset dei gris*. Région montagneuse.
»	Hobereau	»	Subbuteo, Linné.	A. C. *Mouisset dei moustacho negro*. Printemps, automne.
»	Kobez	»	Vespertinus, Linné.	A. R. *Mouisset casso-gril*. Accidentel. Printemps, automne.
»	Emérillon	»	Lithofalco, Gmelin.	A. C. *Mouisset dei pichot*. D'octobre au printemps.
»	Cresserelle	»	Tinnunculus, Linné.	C. *Mouisset dei rous*. Sédentaire.
»	Cresserine	»	Cenchris, Naum.	R. *Mouisset*. Accidentel.

Sous-Famille VII. — Accipitriens. Accipitrinæ.

Autour	Ordinire	Astur	Palumbarius, Bechst.	R. *Faucoun, Grand Mouisset*. En hiver. Nuisible, car il attaque les oiseaux de basse-cour.
Epervier	Ordinaire	Accipiter	Nisus, Pallas.	T C. *Mouisset gris* (la femelle), *Mouisset rouge* (le mâle). Passe en automne et au printemps. Nuisible.

Sous-Famille VIII. — Circiens, Circinæ.

Busard	Harpaye	Circus	Oeruginosus, Savig.	A. C *Russo d'aigo*. Sédentaire.
»	Saint-Martin	»	Cyaneus, Boie.	A. C. *Russo blanco*. En hiver.
»	Cendré	»	Cineraceus, Naum.	T. R. *Mouisset, Russo d'aigo*. En hiver.
»	De Swainson	»	Swainsonii, Smith.	E. R. *Russo*. Accidentel

B. — OISEAUX DE PROIE NOCTURNES, ACCIPITRES NOCTURNI. Tous utiles.

Famille IV. — Strigidés, Strigidæ.

Sous-Famille IX. — Ululiens, Ululinæ.

Surnie	Chevéchette	Surnia	Passerina, Keys et Blas.	A. C. *Chouéto*. Sédentaire.
Chevêche	Commune	Noctua	Minor, Briss.	A. C. *Machoto*. Sédentaire.
Nyctale	De Tengmalm	Nyctale	Tengmalmi, Bonaparte.	Basses-Alpes, Vaucluse. A rechercher dans le Gard.
Hulotte	Chat-Huant	Syrnium	Aluco, Brehm.	A. R. *Damo*, *Machoto*. Sédentaire.

Sous-Famille X. — Strigiens, Striginæ.

Effraye	Commune	Strix	Flammea, Linné	C. *Damasso*, *Bèu l'oli*. Sédentaire.

Sous-Famille XI. — Asioniens, Asioninæ.

Hibou	Brachyote	Otus	Brachyotus, Boie.	A. C. *Damo*. En hiver.
»	Vulgaire	»	Vulgaris, Flemm.	T. C. *Damo*, *Grand cho banu*. En hiver.
Duc	Grand	Bubo	Maximus, Flemm.	A. C. *Dugo*. Sédentaire dans nos montagnes.
Scops	D'Aldrovande	Scops	Aldrovandi, Willughbi.	A. C. *Cho banu*. Pendant la belle saison.

ORDRE II. — PASSEREAUX, PASSERES.

1re Division. — Passereaux zygodactyles, Passeres zygodactyli.

Famille V. — Picidés, Picidæ.

Sous-Famille XII. — Piciens, Picinæ. Tous très utiles.

Dryopic	Noir	Driopicus	Martius, Boie.	T. R. *Pi-negre*. Se montre accidentellement.
Pic	Epeiche	Picus	Major, Linné.	R. *Pico-bos*. Sédentaire dans les montagnes.
»	Mar	»	Medius, Linné.	R. *Pi*. Nous arrive quelquefois des départements voisins situés plus au Nord.
»	Epeichette	»	Minor, Linné.	A. C. Montagnes boisées des parties hautes du Gard.
Gécine	Vert	Gecinus	Viridis, Boie.	A. C. *Pi-v rd*. Sédentaire.

Sous-Famille XIII. — Torquilliens, Torquillinæ. Utiles.

Torcol	Vulgaire	Yunx	Torquilla, Linné.	P. C. *Fourmié*, *Tiro-lenguo*. Deux passages, en automne et au printemps.

Famille VI. — Cuculidés, Cuculidæ. Très utiles.

Sous-Famille XIV. — Cuculiens, Cuculinæ.

Coucou	Gris	Cuculus	Canorus, Linné.	T. C. *Couqu*. Passe en avril. Est un très grand mangeur d'insectes.
Oxylophe	Geai	Oxylophus	Glandarius, Bonaparte.	R. Se montre accidentellement.

2e Division. — Passereaux syndactyles, Passeres syndactyli.

Famille VII. — Coraciadidés, Coraciadidæ. Utiles.

Rollier	Ordinaire	Coracias	Garrula, Linné.	A. R. Se montre au printemps.

Famille VIII. — Méropidés, Meropidæ.

Guêpier	Vulgaire	Merops	Apiaster, Linné.	A. C. *Sereno*. Arrive en avril.
»	D'Egypte	»	Ægyptius, Forskal.	R. *Sereno*. Se montre accidentellement.

Famille IX. — Alcédiniens, Alcedininæ.

Sous-Famille XV. — Alcédiniens, Alcedininæ.

Martin-Pêcheur	Vulgaire	Alcedo	Ispida, Linné.	A. C. *Arnié*, *Varlet de vilo*. Automne-printemps.

3e Division. — Passereaux déodactyles, Passeres deodactyli.

1o DÉODACTYLES TÉNUIROSTRES, DEODACTYLI TENUIROSTRES.

Famille X. — Certhiidés, Certhiidæ.

Sous-Famille XVI. — Sittiens, Sittinæ.

Sitelle	D'Europe	Sitta	Europœa, Linné.	A. C. *Piquet*, *Pi-blu*, *Bouscarido dei grosso*. Sédentaire.

Sous-Famille XVII. — Certhiens, Certhiinæ.

Grimpereau	Familier	Certhia	Familiaris, Linné.	P. C. Printemps-automne.
Tichodrome	Echelette	Tichodroma	Muraria, Illiger.	A. R. *Grimpo-roc*, *Parpaioun*. Printemps-automne.

Famille XI. — **Upupidés, Upupidæ.**

Huppe	Vulgaire	Upupa	Epops, Linné.	A. R. *Pupu, Lipego, Lupego.* Mars-octobre.

2° DÉODACTYLES CULTRIROSTRES, DEODACTYLI CULTRIROSTRES.

Famille XII. — **Corvidés, Corvidæ.**

Sous-Famille XVIII. — Corviens, Corvinæ.

Corbeau	Ordinaire	Corvus	Corax, Linné.	A. C. *Grand Croupatas, Courbatas.*. Sédentaire.
»	Corneille	»	Corone, Linné.	A. C. *Agraio, Croupatas.* Automne-printemps.
»	Mantelé	»	Cornix, Linné.	A. R. *Agraio, Croupatas blanc.* Automne.
»	Freux	»	Frugilegus, Linné.	A. R. *Agraio, Croupatas.* Automne-printemps.
»	Choucas	»	Monédula, Linné.	A. R. *Agraioun.* Hiver.
Chocard	Des Alpes	Pyrrhocorax	Alpinus, Vieill.	A. R. *Agraio à bé jaune.* Hiver rigoureux.
Crave	Ordinaire	Coracia	Gracula, G. R. Gray.	A. R. *Agraio à bé rouge.* Hiver rigoureux.
Casse-noie	Vulgaire	Nucifraga	Caryocatactes, Temm.	T. R. Hiver.

Sous-Famille XIX. — Garruliens, Garrulinæ.

Pie	Ordinaire	Pica	Caudata, Linné.	C. *Agasso, Margot.* Sédentaire.
Geai	Ordinaire	Garrulus	Glandarius, Vieill.	M. C. *Gus, Gaché.* De passage automne-printemps.

3° DÉODACTYLES ADUNCIROSTRES, DEODACTYLI ADUNCIROSTRES.

Famille XIII. — **Laniidés, Laniidæ.**

Sous-Famille XX. — Laniens, Laniinæ.

Pie-grièche	Grise	Lanius	Excubitor, Linné.	A. R. *Margasso, Tarnagas, T. dèi gris.* Printemps-automne.
»	Méridionale	»	Meridionalis, Temm.	A. R. *Aucèu de basty, Margasso, Tarnagas.* Sédentaire.
»	D'Italie	»	Minor, Gmel.	T. C. *Margasseto, Tarnagas grosso mèno.* Printemps-été.
»	Rousse	»	Rufus, Briss.	A. C. *Margasseto, Tarnagas de la testo rousso.* Printemps.
»	Ecorcheur	»	Collurio, Linné.	P. C. *Tarnagas dei pichot, Rapinur.* Avril-septembre.

4° DÉODACTYLES CONIROSTRES, DEODACTYL CONIROSTRES.

A. — CONIROSTRES LONGICÔNES, CONIROSTRES LONGICONI.

Famille XIV. — Sturnidés, Sturnidæ.

Sous-Famille XXI. — Sturniens, Sturninæ.

Etourueau	Vulgaire	Sturnus	Vulgaris, Linné.	E. C. *Estournel*, *Estournèu*. Automne et printemps.
Martin	Roselin	Pastor	Roseus, Temm.	C. *Estournel d'Espagne*, *Merle roso*. Mai et juin.

B. — CONIROSTRES BRÉVICÔNES, CONIROSTRES BREVICONI.

Famille XV. — Fringillidés, Fringillidæ.

Sous-Famille XXII — Plocépasseriens, Plocepasserinæ.

Moineau	Domestique	Passer	Domesticus, Brisson.	T. C. *Passeroun dei téule*. Sédentaire.
»	Cisalpin	»	Italiæ, Degland.	A. R. *Passeroun*. Septembre.
»	Espagnol	»	Hispaniolensis, Degland.	A. R. *Passeroun*. De passage. On le confond avec le M. domestique.
»	Friquet	»	Montanus, Brisson.	A. C. *Sausin*, *Passeroun de trau*. Sédentaire et de passage
»	Soulcie	»	Petronia, Degland.	C. *Mountagnard*, *Favard*. En hiver.

Sous-Famille XXIII. — Pyrrhuliens, Pyrrhulinæ.

Bouvreuil	Vulgaire	Pyrrhula	Vulgaris, Temminck.	A. C. *Piroino*, *Siblur*. D'octobre en avril.
»	Ponceau	»	Coccinea, Sélys.	Accidentel.
Roselin	Cramoisi	Carpodacus	Erythrinus, G. R. Gray.	Accidentel.
Dur-bec	Ordinaire	Corythus	Enucleator, Flem.	Accidentel.

Sous-Famille XXIV. — Loxiens, Loxiinæ.

Bec-croisé	Ordinaire	Loxia	Curvirostra, Linné.	*Bè-crousa*. En été, d'une façon irrégulière.

Nom	Espèce	Genre	Espèce (latin)	Observations
		Sous-Famille XXV. — Coccothraustiens, Coccothraustinæ.		
Gros-bec	Vulgaire	Coccothraustes	Vulgaris, Vieillot.	A. C. *Gros-bé*, *Pinsoun-royal*. Automne, hiver.
		Sous-Famille XXVI. — Fringilliens, Fringillinæ.		
Verdier	Ordinaire	Ligurinus	Chloris, Koch.	C. *Verdun*. Sédentaire et de passage en automne.
Pinson	Ordinaire	Fringilla	Cælebs, Linné.	T. C. *Quinsard*. Octobre, mars.
»	Spodiogène	»	Spodiogena, Bonaparte.	A rechercher. Deux captures à Marseille.
»	d'Ardennes	»	Montifringilla, Linné.	C. *Quinsard rouguié*, *Quinsard d'Espagno*. Hiver rigoureux.
Niverolle	Des neiges	Montifringilla	Nivalis, Brehm.	T. R. *Quinsard de Mountagno*. Hiver rigoureux.
Chardonneret	Elégant	Carduelis	Elegans, Stephen.	A. C. *Cardounilho*. Sédentaire, mais plus commun en automne et au printemps.
Tarin	Ordinaire	Chrysomitris	Spinus, Boie.	A. C. *Turin*, *Tulin*. Automne, printemps.
Venturon	Alpin	Citrinella	Alpina, Bonaparte.	A. R. *Vioulounaire*. Novembre.
Serin	Méridional	Serinus	Meridionalis, Bonaparte.	A. C. *Serin*, *Sarasin*, *Sarasinet*. Sédentaire et de passage en novembre et en mars.
Linotte	Vulgaire	Cannabina	Linota, G. R. Gray.	T. C. *Lignoto*. Sédentaire et de passage au printemps et en automne.
»	A bec jaune	»	Flavirostris, Brehm.	T. R. Visite de loin en loin notre département.
Sizerin	Cabaret	Linaria	Rufescens, Vieillot.	R. *Lucre*. En novembre, tous les 3 ou 4 ans, par bandes de 6 à 12.
		Sous-Famille XXVII. — Embériziens, Emberizinæ.		
Passérine	Mélanocéphale	Passerina	Melanocephala, Vieillot.	T. R. Une capture à Nimes, en novembre 1842.
Proyer	D'Europe	Miliaria	Europœa, Swains.	A. C. *Térido*, *Chinchourlo*. Sédentaire. En automne se réunissent en petites bandes.
Bruant	Jaune	Emberiza	Citrinella, Linné.	A. C. *Verdeirolo*, *Verdagno*. En hiver.
»	Zizi ou des haies	»	Cirlus, Linné.	A. C. *Chic*. Automne-hiver. Quelques-uns nichent.
»	Fou ou des prés	»	Cia, Linné.	A. C. *Chic d'Auvergno*, *Chic gris*. Automne-hiver.
»	Ortolan	»	Hortulana, Linné.	C. *Ourtoulan*. En avril, les uns nichent dans les vignes, les autres dans les broussailles.
Bruant	Cendrillard	Emberiza	Cæsia, Cretzsch.	Accidentel.
Cynchrame	Schœnicole, Bruant des roseaux	Cynchramus	Schœniclus, Boie.	A. C. *Chinouais*, *Chic dei palus*, En hiver.
»	Phyrrhuloïde, Bruant des marais	»	Pyrrhuloides, Caban.	A. C. *Chic dei palus*. Sédentaire mais plus abondant en hiver.
»	Nain	»	Pusillus, Z. Gerbe.	A rechercher. De passage régulier en Provence, mais rare.
»	Rustique, Mitilène de Provence	»	Rusticus, Z. Gerbe.	T. R. *Chic*. Quelques rares captures en Provence et dans le Gard.
Plectrophane	Lapon	Plectrophanes	Lapponicus, Selby.	Accidentel (Statistique du Gard).

5° DEODACTYLES SUBULIROSTRES, DEODACTYLI SUBULIROSTRIS.

Famille XVI. — Alaudidés, Alaudidæ.

Sous-Famille XXVIII. — Alaudiens, Alaudinæ.

Alouette	Des Champs	Alauda	Arvensis, Linné.	T. C. *Alouveto, Lauseto.* Octobre-novembre. Il en est de sédentaires qui nichent.
»	Lulu	»	Arborea, Linné.	C. *Coutelou, Petourlino.* Automne.
»	Calandrelle	»	Brachydactyla, Leisler.	A. C. *Calandreto, Courentiho.* Avril. Il en est qui passent l'été.
Otocoris	Alpestre	Otocoris	Alpestris, Bonaparte.	Accidentel. (Statistique du Gard).
Calandre	Ordinaire	Melanocorypha	Calandra, Boie.	T. C. *Calandro, Calandras.* Sédentaire.

Sous-Famille XXIX. — Certhilaudiens, Certhilaudinæ.

Sirli	De Dupont	Certhilauda	Duponti, Keys. et Blasius.	Accidentel. Une capture à Aimargues.
Cochevis	Huppé	Galerida	Cristata, Boie	A. R. *Couquihado, Capeludo.* Sédentaire.

Famille XVII. — Motacillidés, Motacillidæ.

Sous-Famille XXX. — Anthiens, Anthinæ.

Agrodrome	Champêtre, Pivotte ortolane	Agrodroma	Campestris, Swains.	A. C. *Prioulo.* Automne-printemps. Quelques-uns séjournent pendant l'été.
Corydalle	De Richard	Corydalla	Richardi, Vig.	A. R. *Prioulo dei grosso.* Octobre et avril.
Pipi	Des arbres	Anthus	Arboreus, Bechst.	T. C. *Grasset.* Automne-hiver.
»	Des prés	»	Pratensis, Bechst.	A. C. *Cici.* Passe l'hiver chez nous.
»	Gorge-rousse	»	Cervinus, Keys. et Blas.	R. *Cici.* Printemps.
»	Spioncelle, Alouette pipi	»	Spinoletta, Bonaparte.	A. C. *Cici dei gros.* En hiver.

Sous-Famille XXXI. — Motacilliens, Motacillinæ.

Bergeronnette	Printanière	Budytes	Flava, Bonaparte.	A. C. *Bergeireto, Siblaïre*. Passe en avril, puis en août.
	De Ray ou Flavéole	»	Rayi, Bonaparte.	A. C. *Bergeireto, Siblaïre.* Arrive en mai et niche.
	A tête cendrée	»	Cinereocapilla, Bonaparte.	A. C. Dans le Midi. A rechercher dans le Gard.
	Melanocéphale	»	Melanocephala, Ménést.	Se montre dans le Var. A rechercher dans le Gard.
Hochequeue	Grise	Motacilla	Alba, Linné.	A. C. *Gallo-pastr , Branlo-coueto*. Automne-printemps.
»	D'Yarrel ou Hochequeue lugubre	»	Yarrellii, Gould.	T. R. *Gallo-pastre. Branlo-coueto*. Printemps.
»	Boarule	»	Sulphurea, Bechst.	A. C. *Bergeireto, Branlo-coueto*. En hiver.

Famille XVIII. — Hydrobatidés, Hydrobatidæ.

Aguassière	Cincle	Hydrobata	Cinclus, G. R. Gray.	R. *Margousso*. Sédentaire aux bords des rivières de nos montagnes.

Famille XIX. — Oriolidés, Oriolidæ.

Loriot	Jaune	Oriolus	Galbula, Linné.	A. C. *Auriou, Figo l'auriou*. A. C. en avril, plus rare après cette époque.

Famille XX. — Turdidés, Turdidæ.

Sous-Famille XXXII. — Turdiens, Turdinæ.

Merle	Noir	Turdus	Merula, Linné.	C. *Merle negre, Merluto* (la femelle). Sédentaire.
»	A plastron	»	Torquatus, Linné.	A. C. *Merle dei mountagno*. Hiver rigoureux.
»	Pâle	»	Pallidus, Gmelin.	A rechercher. Chaque année on en tue quelques sujets à Marseille.
»	Litorne	»	Pilaris, Linné.	A. C. *Grivo dei mountagno, Quo-chacha*. En hiver, plus commun si le froid est rigoureux.
»	A gorge noire	»	Atrigularis, Temm.	A rechercher. Deux captures à Marseille.
»	Draine	»	Viscivorus, Linné.	A. C. *Grivo, Cesero*. Sédentaire, mais plus commune en automne.
»	Mauvis	»	Iliacus, Linné	A. R. *Tourdre rouge*. Automne-printemps.
»	Grive	»	Musicus, Linné,	A. C. *To irdre*. Automne-hiver.

Rouge-gorge	Familier	Rubercula	Familiaris, Blyth.	C. *Barbo rousso, Rigau, Papa-rous*. Septembre-avril.
Rossignol	Ordinaire	Philomela	Luscinia, Selby.	C. *Roussignòu*. Avril-septembre.
»	Progné	»	Major. Brehm.	A. R. *Roussignòu dei gros*. Avril-septembre.
Gorge-bleue	Suédoise	Cyanecula	Suecica, Brehm.	A. C. *Bisquerlo, Papa-blu*. En septembre et avril. Quelques captures à Nimes.
Rouge-queue	De Murailles	Ruticilla	Phœnicura, Bonaparte.	A. C. *Quoua-rousso*. Printemps et automne
»	Tithys	»	Tithys, Brehm.	A. C. *Ramounur* (le mâle), *Quoua-rousso* (la femelle). Automne-hiver.
Petrocincle	De roche	Petrocincla	Saxatilis, Vig.	A. C. *Grosso quô rousso. Merle rouquié*. Printemps-été.
»	Bleu	»	Cyanea, Keys et Blas.	A. C. *Merle blu, Merle rouquassié*. Sédentaire.
»	Azuré	»	Azureus, Lebrun.	Est un hybride des deux espèces précédentes prise sur le mont Saint-Loup, près de Montpellier, et décrite par Crespon.
Traquet	Motteux	Saxicola	Œnanthe, Bechst.	C. *Quiou-blanc, Tarnajasset*. Printemps-automne.
»	Stapazin	»	Stapazina, Temminck.	A. R. *Pèro-carme, Reinaubi*. Automne-printemps.
»	Oreillard	»	Aurita, Tem.	A. R. *Pèro-carme, Reinaubi*. Automne-printemps.
»	Rieur	»	Leucura, Keys et Blas.	A. R. *Merle de la quouéto blanco*. Sédentaire.
Tarier	Ordinaire	Pratincola	Rubetra, Koch.	T. C. *Bistratra*. Printemps-automne.
»	Rubicole	»	Rubicola, Koch.	A. C. *Bistratra*. Sédentaire.

Sous-Famille XXXIV. — Accentoriens, Accentorinæ.

Accenteur	Alpin	Accentor	Alpinus, Bechstein.	A. R. Hivers rigoureux.
Mouchet	Chanteur	Prunella	Modularis, Vieillot.	A. C. *Passero, Trauco-bouissoun*. Hiver.

Sous-Famille XXXV. — Sylviens, Sylviinæ.

Fauvette	A tête noire	Sylvia	Atricapilla, Scopoli.	C. *Bouscarido, Cap negre, Tèsto negro*. Automne-printemps.
»	Des jardins	»	Hortensis, Latham,	A. C. *Bisquerlo, Bouscarido, Bouscarlo*. D'Avril en octobre.
Babillarde	Ordinaire	Curruca	Garula, Brisson.	C. *Bousquerlo*. Pendant la belle saison.
»	Orphée	»	Orphea, Boie.	C. *Grosso Mouscarello, Grosso tèsto negro*. Belle saison.
»	Grisette	»	Cinerea, Brisson.	T. C. *Bouscarido, Bousquerlo, Mousquet*. D'avril en octobre.
»	Subalpine	»	Subalpina, Boie.	C. *Bouscarido, Bisquerlo*. D'avril en septembre.
»	A lunettes	»	Conspicillata, Boie.	A. C. *Bouscarido, Trauco-bartas*. Belle saison.
»	Epervière	»	Nisoria, Koch.	Accidentellement en septembre.
»	Melanocéphale	»	Mclanocephala, Boie.	T. C. *Cap negre, Tèsto negre*. Sédentaire.
Pitchou	Provençal	Melizophilus	Provincialis, Jenyns.	C. *Bisquerlo, Bouscarido*. Sédentaire.
«	Sarde	»	Sardus, Z. Gerbe.	A rechercher.

Sous-Famille XXXVI. — Calamoherpiens, Calamoherpinæ.

Hypolaïs	Ictérine	Hypolais	Icterina, Z. Gerbe.	R. *Tuitui*, D'Avril à septembre.
»	Polyglotte	»	Polyglotta, Z. Gerbe.	A. C. *Tuitui*. D'avril à septembre.
Rousserolle	Turdoïde	Calamaherpe	Turdoides, Boie.	A. C. *Cracra dei gros*, *Roussignòu d'aigo*. D'avril à septembre.
»	Effarvate	»	Arundinacea, Boie.	T. C. *Cracra dei pichot*. Printemps, automne.
»	Verderolle	»	Palustris, Boie.	C. *Pichot cracra*, *Tratra*. D'avril à octobre.
Luscinicle	Luscinoïde	Lusciniopsis	Luscinoïdes, Z. Gerbe.	A. R. *Bisquerlo*, *Bouscarido*. Sédentaire.
Bouscarle	Cetti	Cettia	Cetti, Degland.	A. R. *Bouscarido*. *Roussignòu bastard*. Sédentaire. Voisinage des eaux.
Amnicole	A Moustaches noires	Amnicola	Melanopogon, Z. Gerbe.	P. C. *Bisquerlo*, *Trauco-bartas* Sédentaire. Lieux marécageux.
Locustelle	Tachetée	Locustella	Nævia, Degland.	P. C. *Bisquerlo*. D'avril en octobre. Lieux frais et humides, quelquefois coteaux.
Phragmite	Des joncs	Calamodyta	Phragmitis, Mey. et Wolf.	R. *Bisquerlo*, Automne. Lieux humides. Prairies, luzernes.
»	Aquatique	»	Aquatica, Bonaparte.	A. R. *Sauto-bartas*, *Sauto-baras*. Sédentaire. Lieux marécageux.
Cisticole	Ordinaire	Cisticola	Schœnicola, Bonaparte.	A. R. *Bisquerlo*, *Castagnolo*, *Mounto-au-Ciel*. Belle saison. Bords des étangs.

Famille XXI. — Troglodytidés, Troglodytidæ. Très utiles.

Troglodyte	Mignon	Troglodytes	Parvulus, Koch.	L. C. *Castagnolo*, *Petouso*, *Tràuco-bartas*. Hiver. Voisinage des habitations.

Famille XXII. — Phyllopneustidés, Phyllopneustidæ. Très utiles.

Sous-Famille XXXVII. — Phyllopneustiens, Phyllopneustinæ.

Pouillot	Fitis	Phyllopneuste	Trochilus, Brehm.	C. *Tràuco-bouissoun*, *Tuitui*. D'avril en octobre. Bois et vergers. Le Bec fin des tamaris (*Sylvia tamarixis*) de Crespon doit être rapporté à cette espèce.
»	Véloce	»	Rufa, Bonaparte.	C. *Tràuco-bartas*, *Tuitui*. Sédentaire, l'été dans les bois, l'hiver au voisinage des habitations.
»	Siffleur	»	Sibilatrix, Brehm.	A. R. *Chichi*, *Tràuco-bouissoun*. D'avril en octobre. Bois des bords du Rhône.
»	Bonelli	»	Bonelli, Bonaparte.	A. C. *Fenouié*, *Trauco-bouissoun*. Automne et printemps. Région montagneuse.

Sous-Famille XXXVIII. — Réguliens, Regulinæ.

Roitelet	Huppé	Regulus	Cristatus, Charlet.	T. C. *Bènèri*, *Ratatas*, *Zizi*, *Becherino*, *Rèïnè*, *Nouïso*. En hiver, voisinage des habitations.
»	Triple bandeau	»	Ignicapillus, Licht.	T. C. *Bènèri*, *Chichi*, *Ratatas*, *Zizi*. En hiver, voisinage des habitations.

Famille XXIII. — Paridés, **Paridæ.** Très utiles.

Sous-Famille XXXIX. — Pariens, Parinæ.

Mésange	Charbonnière	Parus	Major, Linné.	T. C. *Sarraié, Lardièiro.* Sédentaire mais plus commun en hiver qu'en été.
»	Noire	»	Ater, Linné.	A. R. *Sarrié dei pichot.* Arrive en automne, mais ses passages sont irréguliers.
»	Bleue	»	Cæruleus, Linné.	C. *Sarraié blu, Bluï, Larguiereto, Senserigaïo.* Arrive en automne et repart au printemps.
»	Huppée	»	Cristatus, Linné.	T. R. En hiver, région montagneuse.
Nonnette	Des marais	Pœcile	Palustris, Kaup.	T. R. En hiver, sur les arbres qui bordent les prairies marécageuses.
»	Vulgaire	»	Communis, Z. Gerbe.	Est commune en France. A rechercher dans le Gard.
Orite	Longicaude	Orites	Caudatus, G. R. Gray.	A. C. Apparait en automne et en hiver par petites troupes.

Sous-Famille XL. — Ægithaliens, Ægithalinæ.

Panure	A moustaches	Panurus	Biarmicus, Koch.	A. R. *Trin-trin.* Sédentaire, dans les lieux marécageux et couverts de roseaux.
Remiz	Penduline	Ægithalus	Pendulinus, Boie.	A. R. *Debassaire, Canari, Pigre.* Sédentaire sur le bord du Rhône.

Famille XXIV. — Ampélidés, Ampelidæ.

Jaseur	De Bohême	Ampelis	Garrulus, Linné.	Se montre de loin en loin pendant les hivers rigoureux.

Famille XXV. — Muscicapidés, Muscicapidæ. Très utiles.

Sous-Famille XLI. — Muscicapiens, Muscicapinæ.

Gobe-Mouche	Noir	Muncicapa	Nigra, Brisson,	T. C. *Bèco-figo.* Au printemps et en septembre.
»	A collier	»	Collaris, Bescht.	R. *Bèco-figo.* Au printemps.
Butalis	Gris	Butalis	Grisola, Boie.	C. *Bèco-figo.* D'avril en septembre.
Erythrosterne	Rougeâtre	Erythrosterna	Parva, Bonaparte.	A rechercher. Un exemplaire tué à Avignon en novembre 1869.

Famille XXVI. — Hirudinidés, Hirudinidæ. Très utiles.

Hirondelle	Rustique ou de cheminée	Hirundo	Rustica, Linné.	A. C. *Iroundello.* Pendant la belle saison.
»	Rousseline	»	Rufula, Temm.	R. *Iroundello.* Pendant la belle saison.
Chélidon	De fenêtre	Chelidon	Urbica, Boie.	T. C. *Barbajòu, Iroundello quiéu-blanc.* Belle saison.
Cotyle	Riverain	Cotyle	Riparia, Boie.	A. C. *Barbajoulet, Griset.* Belle saison.
Biblis	Rupestre	Biblis	Rupestris, Lesson.	A. R. *Iroundello griso.* Mars-novembre. Rochers du Gardon, du Vidourle, etc.

4e Division. — Passereaux anomodactyles, Passeres anomodactyli.

Famille XXVII. — Cypsélidés, Cypselidæ. Très utiles.

Martinet	Noir	Cypselus	Apus, Illiger	C. *Balestrié. Martelet.* De mai à août.
»	Alpin	»	Melba, Illiger.	C. *Iroundello de mar, Grand balestrié.* Avril-septembre.

Famille XXVIII. — Caprimulgidés, Caprimulgidæ. Très utiles.

Sous-Famille XLII. — Caprimulgiens, Caprimulginæ.

Engoulevent	D'Europe	Caprimulgus	Europæus, Linné.	C. *Chauco-grapòu, Nichoulo, Této-cabro.* Printemps-été.
»	A collier roux	»	Ruficollis, Temm.	T. R. *Chauco-grapou, Nichoulo, Této-cabro.* Accidentel.

ORDRE III. — PIGEONS. COLUMBÆ.

Famille XXIX. — Colombidés, Columbidæ. Nuisibles.

Sous-Famille XLIII. — Colombiens, Columbinæ.

Colombe	Ramier	Columba	Palumbus, Linné.	A. C *Paloumbo.* Deux passages, l'un en octobre, l'autre en février.
»	Colombin	»	Œnas, Linné.	C. *Biset.* En octobre et au printemps.
»	Biset	»	Livia, Brisson.	C. *Biset.* Est la souche de nos pigeons domestiques.

Sous-Famille XLIV. — Turturiens, Turturinæ.

Ectopiste	Migrateur	Ectopistes	Migratorius, Swains.	*Pijoun vouiajour.* Est élevé par les Sociétés colombophiles.
Tourterelle	Vulgaire	Turtur	Auritus, Ray.	A. C. *Tourtourello dei champ, T. sauvajo.* D'avril à octobre.
»	A Collier	»	Risoria, Linné.	*Tourtourello,* Elevé en domesticité.

ORDRE IV. — GALLINACÉES, GALLINÆ. Utiles.

Famille XXX. — Ptéroclidés, Pteroclidæ.

Sous-Famille. XLV. — Ptérocliens, Pteroclinæ.

Ganga	Cata	Pterocles	Alchata, Licht.	*Grandoulo.* S'égare quelquefois dans le Gard. Vient de la Crau.

Sous-Famille XLVI. — Syrrhaptiens, Syrrhaptinæ.

Syrrhapte	Paradoxal	Syrrhaptès	Paradoxus, Licht.	Accidentel. Bords du Rhône, 1863 et 1888.

Famille XXXI. — Tétraonidés, Tetraonidæ.

Sous-Famille XLVII. — Tétraoniens, Tetraoninæ.

Lagopède	Muet	Lagopus	Mutus, Leach.	*Perdris bianco.* Accidentel. En automne venant du Dauphiné et des Alpes.
Tétras	Lyre	Tetrao	Tetrix, Linné.	Accidentel. Aurait été tué dans la région du Ventoux.
Gélinotte	Des Bois	Bonasa	Sylvestris, G. R. Gray.	T. R. *Gelinotto.* Se montre accidentellement en automne.

Sous-Famille XLVIII. — Perdiciens, Perdicinæ.

Perdrix	Grecque ou Bartavelle	Perdix	Græca, Brisson.	R. *Bartavello, perdigal* Sédentaire. Lieux élevés.
»	Rouge	»	Rubra, Brisson.	C. *Perdris, Perdigal.* Sédentaire.
»	De Roche	»	Petrosa, Lath.	Très accidentellement.
Starne	Grise	Starna	Cinerea, Bonaparte.	A. R. *Perdris grise, Perdigal gris.* Quelques rares sujets nous viennent des Cévennes.
Caille	Commune	Coturnix	Communis, Bonnaterre.	C. *Caio.* Arrivent au printemps et repartent en automne.

Famille XXXII. — Crypturidés, Crypturidæ.

Sous-Famille XLIX — Turniciens, Turnicinæ.

Turnix | Sauvage | Turnix | Sylvaticus, Bonaparte. | *Perdris à ventre blanc.* Se montre dans le Var et les Alpes-Maritimes. A rechercher.

Famille XXXIII. — Phasianidés, Phasianidæ.

Sous-Famille L. — Méléagriens, Meleagrinæ.

Pintade | Ordinaire | Numida | Meleagris, Linné. | *Pintado, Pintardo.* Elevé en domesticité.
Dindon | Commun | Meleagris | Gallopavo. | *Dindo, Dindard, Dindoun, Gabre.* Elevé en domesticité.

Sous-Famille LI. — Galliniens, Gallininæ.

Coq | Domestique | Gallus | Domesticus, Linné. | *Gau, Gal, Gallino, Poulo.* Elevé en domesticité.

Sous-Famille LII. — Phasianiens, Phasianinæ.

Faisan | De Colchide | Phasianus | Colchicus, Linné. | A. R. *Fesan.* Bords du Rhône. On les élève dans les îles de la Piboulette et de l'Oiselet.

Sous-Famille LIII. — Pavoniens, Pavoninæ.

Paon | Ordinaire, | Pavo | Cristatus, Linné. | *Pavoun.* Elevé en domesticité.

ORDRE V. — ECHASSIERS, GRALLÆ.

1re Division. — **Echassiers coureurs, Grallæ cursores.**

A. — COUREURS UNCIROSTRES, CURSORES UNCIROSTRES.

Famille XXXIV. — Otididés, Otididæ. Utiles, se nourrissent de vers et d'insectes.

Outarde	Barbue	Otis	Tarda, Linné.	A. R. *Oustardo.* En hiver, surtout des femelles.
»	Canepetière	»	Tetrax, Linné.	A. R. *Gréfo* (le mâle), *Femello dou feisan.* Automne-hiver.
Houbara	Ondulée	Houbara	Undulata, G. R. Gray.	Un jeune individu a été tué dans les environs de Nice.

B. — COUREURS PRESSIROSTRES, CURSORES PRESSIROSTRES.

Famille XXXV. — Glaréolidés, Glareolidæ. Utiles, mangent les calandres du blé.

Glaréole	Pratincole	Glareola	Pratincola, Leach.	A. C. *Pico-en-terro.* D'avril à septembre.

Famille XXXVI. — Charadriidés, Charadriidæ.

Sous-Famille LIII. — Œdicnémiens, Œdicneminæ. Utiles, se nourrissent de vers, d'insectes et d'hélix.

Œdicnème	Criard	Œdicnemus	Crepitans, Temm.	A. C. *Courli dei garrigo.* Sédentaire et de passage en mars et novembre.

Sous-Famille LIV. — Cursoriens, Cursoriinæ. Utiles, se nourrissent de petits hélix.

Courvite	Gaulois	Cursorius	Gallicus, Bonaparte.	Accidentel. Crespon en a élevé un qu'il avait pris dans ses filets, en chassant aux vanneaux.

Sous-Famille LV. — Charadriens, Charadriinæ. Utiles, détruisent les vers, les insectes et les limaçons.

Pluvier	Doré	Pluvialis	Apricarius, Bonaparte.	A. C. *Pluvie daura.* Passe en automne et repasse au printemps.
»	Varié	»	Varius, Schleger.	A. C. *Pluvié dei gris.* Séjourne d'octobre en juin.
Guignard	De Sibérie	Morinellus	Sibiricus, Bonaparte.	R. *Sourdo, Pluvieroto.* En hiver.
Gravelot	Hiaticule	Charadrius	Hiaticula, Linné.	A. C. *Courriolo.* Arrive au printemps et repart à l'automne.
»	Des Philippines	»	Philippinus, Scopoli.	A. C. *Courriolo.* Id.
»	De Kent	»	Cantianus, Lath.	A. C. *Courriolo.* Id.
Chétusie	Albicaude	Chetusia	Leucura, Bonaparte.	Une capture signalée par Crespon, le 25 novembre 1840, près l'île de Maguelone (Hérault). C'était une femelle.
Vanneau	Huppé	Vanellus	Cristatus, Meyer et Wolf.	T. C. *Vanèu, Vanello.* Passe en automne et au printemps.
»	Suisse	»	Helveticus, Brisson.	R. *Vanèu, Vanello.* Id.

Sous-Famille LVI. — Hæmatopodiens, Hæmatopodinæ. Indifférents, se nourrissent de coquilles bivalves.

Huitrier	Pie	Hæmatopus	Ostralegus, Linné.	A. C. *Agasso-de-mar.* Sédentaire, mais plus commun en été.

Sous-Famille LVII. — Strepsiliens, Strepsilinæ. Utiles, vivent d'insectes, de vers et de petits mollusques.

Tourne-pierre	Vulgaire	Strepsilas	Interpres, Illiger.	P. C. *Pichot Pluvié, Pluvieiroto.* Passe au printemps et en automne.

C. — COUREURS LONGIROSTRES, CURSORES LONGIROSTRES.

Famille XXXVII. — Scolopacidés, Scolopacidæ.

Sous-Famille LVIII. — Numéniens, Numeniinæ. Utiles, se nourrissent de vers, d'insectes aquatiques et de mollusques.

Courlis	Cendré	Numenius	Arquata, Lath.	A. C. *Charlot.* Sédentaire mais plus commun en septembre et en mars.
»	A bec grêle	»	Tenuirostris, Vieill.	R. *Charlot dei pichot.* Passe en automne.
»	Corlieu	»	Phæopus, Lath.	A. R. *Charlotino, Pichot Charlot.* Passe surtout au printemps.

Sous-Famille LIX. — Limosiens. Limosinæ. Utiles, vivent de vers, de larves et d'insectes aquatiques.

Barge	Egocéphale	Limosa	Ægocephala, Leach.	A. R. *Bulo, Becasso d'Irlando.* Arrive en automne et reparaît au printemps.
»	Rousse	»	Rufa, Brisson.	R. *Charlotino, Pichoto Bulo, Becassoun.* En hiver.

Sous-Famille LX. — Scolopaciens, Scolopacinæ. Utiles, se nourrissent de vers et de larves d'insectes.

Becasse	Ordinaire	Scolopax	Rusticula, Linné.	A. C. *Becasso.* Arrive en novembre, part en mars.
Bécassine	Double	Gallinago	Major, Leach.	A. C. *Becassino dei grosso.* Passe en avril.
»	Ordinaire	»	Scolopacinus, Bonaparte.	A. C. *Becassino.* Printemps-automne.
»	Gallinule	»	Gallinula, Bonaparte.	A. C. *Becassoun, Court, Sourdo.* En hiver.

Sous-Famille LXI. — Tringiens, Tringinæ. Utiles, vivent de vermisseaux.

Sanderling	Des sables	Calidris	Arenaria, Leach.	R. *Espagnoulet.* Apparait pendant les hivers rigoureux.
Maubèche	Canut	Tringa	Canutus, Linné.	A. C *Gros Espagnoulet.* Passe en mai, quelques individus se montrent aussi en automne.
»	Maritime	»	Maritima, Brünnich.	T. R. *Charlotino, Cambet.* En hiver et toujours isolément.
Pélidne	Cocorli	Pelidna	Subarquata, Brehm.	A. C. *Espagnoulet.* Passe au printemps, puis en août, enfin en automne.
»	Cincle	»	Cinclus, Bonaparte.	T. C *Espagnoulet.* En automne et au printemps ; quelques-uns passent l'hiver ici.
»	Minule	»	Minuta, Boie.	A. C. *Espagnoulet dei pichot.* En automne et au printemps.
»	Temmia	»	Temminckii, Boie.	A. R. *Espagnoulet dei pichot.* Automne-printemps.
»	Platyrhynque	»	Platyrhncha, Bonaparte.	R. *Espagnoulet.* Se montre accidentellement en août dans la partie littorale du département.

Sous-Famille LXII. — Totaniens, Totaninæ. Utiles, se nourrisseut de vers, d'insectes et de mollusques.

Combattant	Ordinaire	Machetes	Pugnax, G. Cuvier.	A. C. *Gabidoulo, Sourdo.* Arrive en automne, séjourne l'hiver et repart au printemps.
Chevalier	Gris	Totanus	Griseus, Bechst.	A. C. *Siblarèlo blanco, Charlatino griso.* Au printemps et en été.
»	Brun	»	Fuscus, Bechst.	A. C. *Charlotino, Gabidoulo, Sourdo, Cambet.* Passe en avril et en automne.
»	Gambette	»	Calidris, Bechst.	C. *Gabidoulo dei péd rouge.* Printemps-automne.
»	Stagnatile	»	Stagnalis, Bechst.	A. R. *Cambet dei gris.* En avril et en août.
»	Sylvain	»	Glareola, Temm.	C. *Piés-verd, Pluvieiroto griso.* Printemps-automne.
»	Cul-blanc	»	Ochropus, Temm.	A. C. *Quiou-blanc d'aigo, Piés verd.* Sédentaire. Vit isolé.
Guignette	Vulgaire	Actitis	Hypoleucos, Boie.	R. A. *Piés verd, Courriolo d'aigo.* Pendant la belle saison.

Sous-Famille LXIII. — Phalaropodiens, Phalaropodinæ. Utiles

Lobipède	Hyperboré	Lobipes	Hyperboreus, Stephen.	T. R. *Espagnoulet, Courriolo.* Hivers rigoureux, Bords des eaux.

Famille XXXVIII. — Recurvirostridés, Recurvirostridæ. Utiles.

Sous-Famille LXIV. — Recurvirostriens, Recurvirostrinæ.

Recurvirostre	Avocette	Recurvirostra	Avocetta, Linné.	A. C. *Bè-ie-leseno*. Séjourne d'avril en septembre. Bords des marécages.

Sous-Famille LXV. — Himantopodiens, Himantopodinæ.

Echasse	Blanche	Himantopus	Candidus, Bonnaterre.	A. C. *Cambet*. D'avril en août. Plage maritime.

2e Division. — Echassiers macrodactyles, Grallæ macrodactyli.

Famille XXXIX. — Rallidés, Rallidæ. Utiles.

Sous-Famille LXVI. — Ralliens, Rallinæ.

Rale	D'eau	Rallus	Aquaticus, Linné.	T. C. *Rasclet*. Sédentaire et de passage au printemps et à l'automne.
Crex	Des près	Crex	Pratensis, Bechst.	C. *Rèi-dèi-Caio*. En avril et en automne.
Porzane	Marouette	Porzana	Maruetta, G.-R. Gray.	T. C. *Piès-verd*. Au printemps et en automne.
»	De Baillon	»	Baillonii, Degl. et Gerbe.	C. *Boiboi*, *Crèbo-chin*, *Voinoi*. Au printemps.
»	Poussin	»	Minuta, Bonaparte.	A. C. *Boiboi*, *Crèbo-chin*. Au printemps.
Gallinule	Ordinaire	Gallinula	Chloropus, Lath.	A. C. *Poulo d'aigo*. Arrive en automne et repart au printemps.
Porphyrion	Bleu	Porphyrio	Cæsius, Barrère.	T. R *Poulo d'aigo d'Egito*. Au printemps. Marais.

Sous-Famille LXVII. — Fuliciens, Fulicinæ.

Foulque	Noire	Fulica	Atra, Linné.	T. C. *Fauco*, *Macruso*. Sédentaire, mais bien plus commune en hiver.
»	A crête	»	Cristata, Gmel.	Accidentellement dans les Bouches-du-Rhône. A rechercher pour le Gard.

3e Division. — Echassiers Hérodions, Grallæ Herodiones.

4. — HÉRODIONS CULTRIROSTRES, HERODIONES CULTRIROSTRES.

Famille XL. — Gruidés, Gruidæ. Utiles.

Grue	Cendrée	Grus	Cinerea, Beschst.	A. C. *Gruio*. Passe au printemps et en automne.

Famille XLI. — Ardéidés, Ardeidæ. Utiles.

Sous-Famille LXVIII. — Ardéiens, Ardeinæ.

Héron	Cendré	Ardea	Cinerea, Linné.	A. C. *Berna-pescaïre*, *Galichoun*. Sédentaire et de passage au printemps et à l'automne.
»	Mélanocéphale	»	Melanocephala, Vig.	Accidentel.
»	Pourpré	»	Purpurea, Linné.	A. C. *Berna-pescaïre*, *Charpantié*. Printemps.
Aigrette	Blanche	Egretta	Alba, Bonaparte.	R. *Galichoun-blanc*. Hiver.
»	Garzette	»	Garzetta, Bonaparte.	R. *Berna-blanc*, *Galichoun blanc*. Passage périodique au printemps.
Garbe-bœuf	Ibis	Bubulcus	Ibis, Bonaparte.	T. R. *Routaïre*. Deux captures.
Crabier	Chevelu	Buphus	Comatus, Boie.	A. C. *Routaïre*. Printemps.
Blongios	Nain	Ardeola	Minuta, Bonaparte.	C *Routaïre*. Été, plus rare en hiver.
Butor	Étoilé	Botaurus	Stellaris, Stephens.	A. C. *Bitor doura*. Sédentaire, mais plus commun au printemps et en automne.
Bihoreau	D'Europe	Nycticorax	Europeus, Stephens.	A. R. *Berna*, *Laurent*, *Mouac*. Été, bords du Rhône.

Famille XLII. — Ciconiidés, Ciconiidæ.

Sous-Famille LXIX. — Ciconiens, Ciconiinæ. Plus utiles que nuisibles.

Cigogne	Blanche	Ciconia	Alba, Willugh.	A. C. *Cigogno*, *Ganto*. Printemps, automne.
»	Noire	»	Nigra, Gesner.	R. *Ganto negro*. Hiver.

Sous-Famille LXX. — Plataléiens, Plataleinæ. Utiles.

Spatule	Blanche	Platalea	Leucorodia, Linné.	R. *Be d'esputulo*. En hiver.

Famille XLIII — Tantalidés, Tantalidæ.

Sous-Famille LXXI. — Ibiens, Ibinæ. Utiles.

Falcinelle	Eclatant	Falcinellus	Igneus, G.-R. Gray.	A. R. *Charlot verd*, *Charlot d'Espagne*, *Lisiairo*. Passe en mai.

4e Division. — Echassiers palmipèdes, Grallæ palmipedes.

Famille XLIV. — Phénicoptéridés, Phœnicopteridæ. Utiles.

Phénicoptère	Rose	Phenicopterus	Roseus, Pall.	C. *Flamen*. Sédentaire dans le voisinage des étangs salés.

ORDRE VI. — PALMIPÈDES, PALMIPEDES.

1re Division. — Palmipèdes totipalmes, Palmipedes totipalmi.

Famille XLV. — Pelécanidés. Pelecanidæ.

Sous-Famille LXXII. — Pélécaniens. Pelecaninæ.

Pélican	Onocrotale	Pelicanus	Onocrotalus, Linné.	*Pelican.* Accidentel. Quelques captures près d'Aiguesmortes.
Fou	De Bassan	Sulta	Bassana, Brisson.	Accidentel. On cite quelques captures opérées entre le Grau-du-Roi et Cette.
Cormoran	Ordinaire	Phalacrocorax	Carbo, Leach.	A. C. *Scorpi, Cormoran.* En hiver.
»	Huppé	»	Cristatus. Steph.	Accidentel. Une capture au Grau-du-Roi, juin 1893.

2e Division. — Palmipèdes longipennes, Palmipedes longipennes.

Famille XLVI. — Procellaridés, Procellaridæ.

Sous-Famille LXXIII. — Procellariens, Procellarinæ.

Pétrel	Du Cap	Procellaria	Capensis, Linné.	Une capture en octobre 1841, près d'Hyères, dans les marais qui avoisinent la mer.
Puffin	Cendré	Puffinus	Cinereus, Degl. et Zerbe.	C. *Aucen de mar, Gaffeto à bé crouchu.* Sédentaire.
»	Des Anglais	»	Anglorum, Boie.	A. C. *Gaffeto a be crouchu.* Sédentaire.
Thalassidrome	Tempête	Thalassidroma	Pelagica, Selby.	Visite accidentellement nos côtes à la suite d'ouragans.
»	Océanien	»	Oceanica, Schinz	Visiterait de loin en loin les côtes du Languedoc.
»	Cul-blanc	»	Leucorhoa, Degl. et Zerbe.	Plusieurs individus ont été trouvés morts sur les plages de Cette.

Famille XLVII. — Laridés, Laridæ.

Sous-Famille LXXIV. — Lestridiens, Lestridinæ.

Labbe	Pomarin	Stercorarius	Pomarinus, Vieill.	*Aucen de mar.* Accidentel.
»	Parasite	»	Parasiticus, G. R. Gray.	Accidentel.

Sous-Famille LXXV. — Lariens. Larinæ.

Goëland	Marin	Larus	Marinus, Linné	T. R. *Coulaou, Gabian negre.* A des époques irrégulières.
»	Brun	»	Fuscus, Linné.	C. *Coulaou, Gabian.* Sédentaire.
»	Argenté	»	Argentatus, Brünnich.	A. C. *Coulaou, Gabian.* Sédentaire.
»	Railleur	»	Gelastes, Lichst.	A. C. *Gaffeto, Pijoun de mar.* Se reproduit dans les marais salins d'Aiguesmortes.
»	Cendré	»	Canus, Linné.	A. C. *Gaffeto, Pijoun de mar.* Arrive en automne et repart au printemps.
»	Tridactyle	»	Tridactylus, Linné	A. C. *Gaffeto dòu bè jaune.* Arrive en automne et repart au printemps.
»	Rieur	»	Ridibundus, Linné.	C. *Gaffeto.* Sédentaire.
»	Mélanocéphale	»	Melanocephalus, Natterer.	C. En hiver sur nos rades et dans nos ports.
»	Pygmée	»	Minutus, Pallas.	R. *Gaffeto.* Accidentellement en hiver.

Sous-Famille LXXVI. — Sterniens, Sterninæ.

Sterne	Tschagrava	Sterna	Caspia. Pallas.	T. R. ***Grand Fumet***, *Gaffeto à bé rouge*. Printemps.
»	Caugek	»	Cantiaca. Gmel.	A. C. ***Gros Fumet***. Printemps.
»	Hirondelle	»	Hirundo, Linné.	A. R. *Fumet dou bé rouge*, ***Fumet de la testo negro***. Printemps.
»	Naine	»	Minuta, Linné.	A. C. ***Pichot Fumet***, ***Pichoto Iroundelo de mar***, ***Gaffeto***. Printemps.
»	De Dougall	»	Dougallii, Montagu.	A. R. *Fumet*. Printemps.
Guifette	Fissipède	Hydrochelidon	Fissipes, G. R. Gray.	T. C. ***Fumet dei negre***. Séjourne d'avril à septembre.
»	Noire	»	Nigra, G. R. Gray.	A. R. *Fumet deis alo blanco*. Printemps.
»	Hybride	»	Hybrida, G. R. Gray.	A. R. *Fumet*. Arrive au printemps et repart en automne.

3e Division. — Palmipèdes lamellirostres, Palmipedes lamellirostres.

Famille XLVIII. — Anatidés, Anatidæ.

Sous-Famille LXXVII. — Cygniens, Cygninæ.

Cygne	Sauvage	Cygnus	Ferus, Ray.	A. R. *Cigne*. Hivers rigoureux, bords des eaux.
»	De Bewick	»	Minor, Keys. et Blas.	R. *Cigne*. Froids excessifs.
»	Domestique	»	Mansuetus, Ray.	A. R. *Cigne*. Hivers rigoureux.

Sous-Famille LXXVIII. — Ansériens, Anserinæ.

Oie	Cendrée	Anser	Cinereus, Meyer.	A. C. *Auco souvajo*. Hivers ; bords des eaux.
»	Sauvage	»	Sylvestris, Brisson.	A. C. *Auco souvajo*. Automne-hiver. Froids rigoureux.
»	A front blanc	»	Albifrons, Bechst.	A. R. *Auco*, *A. souvajo*, *A. dou fron blanc*. Hiver, endroit marécageux.
Bernache	Nonnette	Bernicla	Leucopsis, Boie.	R. *Auco*. Hivers très rigoureux.
»	Cravant	»	Brenta, Steph.	T. R. *Auco negro*, *Brenacho*. Accidentellement.
Chen	Hyperboré	Chen	Hyperboreus, Boie.	E. R. *Auco*. Froids excessifs. Une capture à Arles, hiver de 1829.

Sous-Famille LXXIX. — Anatiens, Anatinæ.

Tadorne	De Belon	Tadorna	Belonii, Ray.	A. R. *Bé rouge*. Sédentaire.
Souchet	Commun	Spatula	Clypeata. Boie.	C. *Bé d'espatulo*, *Bé d'espaluto*, *Cuiêras*. De novembre en mars ; quelques-uns séjournent.
Canard	Sauvage	Anas	Boschas, Linné.	C. *Coi verd* (le mâle), *Canardo* (la femelle), *Verd.u*. En hiver.
Chipeau	Bruyant	Chaulelasmus	Strepera, G.-R. Gray.	A. C. *Bouis gris*, *Bournasso*. En hiver.
Marèque	Penélope	Mareca	Penelope. Selby.	C. *Bouis*, *Piooulaire*, *Siblaire*. Automne-hiver.
Pilet	Acuticaude	Dafila	Acuta, Eyton.	C. *Quao de Giroundo*. En hiver, surtout commun en février et mars.
Sarcelle	D'eté	Querquedula	Circia, Steph.	A. C. *Canetto*, *Cacho-pioun*, *Cacho-pignoun*. Au printemp .
»	Sarcelline	»	Crecca, Steph.	T. C. *Canet*, *Sarcello*. Sédentaire, mais commun surtout en hiver.

Sous-Famille LXXX. — Fuliguliens, Fuligulinæ.

Brante	Roussâtre	Branta	Rufina, Boie.	A. R. *Bé rouge, Bouis d'Espagno, Canard mu.* En hiver.
Fuligule	Morillon	Fuligula	Cristata, Steph.	T. C. *Bouis negre, Negroun, Caouguio.* Hiver.
»	Milouinan	»	Marila, Steph.	A. R. *Bouisset, Bouis negre.* En mars.
»	Milouin	»	Ferina, Steph.	T. C. *Bouis rouge* (mâle), *Bouisso* (femelle), *Testo rousso.* Automne-hiver.
»	Nyroca	»	Nyroca, Steph.	A. R. *Bouisse rouge.* Hiver.
Garrot	Vulgaire	Clangula	Glaucion, Brehm.	A. R. *Bouis blanc, Quatre uei.* En hiver.
Harelde	Glaciale	Harelda	Glacialis, Steph.	*Canard.* Accidentel en hiver
Eider	Vulgaire	Somateria	Mollissima, Boie.	*Canard.* Se montre accidentellement en hiver.
Macreuse	Ordinaire	Oidemia	Nigra, Flem.	R. *Canard negre, Macruso.* En hiver.
»	Brune	»	Fusca, Flem.	T. R. *Negrasso, Brunasso.* En hiver.
Erimisture	Leucocéphale	Erimistura	Leucocephala, Bonaparte.	*Canard.* Accidentel. Une capture dans le Gard.

Sous-Famille LXXXI. — Mergiens, Merginæ.

Harle	Bièvre	Mergus	Merganser, Linné.	R. *Cabrello, Canard dou bè pounchu.* En hiver.
»	Huppé	»	Serrator, Linné.	T. R. *Cabrello, Canard dou bè pounchu.* Automne-hiver.
»	Piette	»	Albellus, Linné.	A. C. *Canard relijhous, Religiouso.* En hiver.

4e Division. — Palmipèdes brachyptères, Palmipedes brachypteri.

Famille XLIX. — Podicipidés, Podicipidæ.

Grèbe	Huppé	Podiceps	Cristatus, Lath.	A. C. *Cabussoun, Grando Miauco.* Sejourne pendant l'hiver.
»	Jougris	»	Grisegena, G.-R. Gray.	T. R. *Cabussoun, Cubussaire.* En hiver.
»	Oreillard	»	Auritus, Lath.	A. C. *Miauco.* Hiver et printemps.
»	A cou noir	»	Nigricollis, Sundev.	A. C. *Cabussoun.* En hiver : il se reproduit quelquefois dans les environs de Nimes.
»	Castagneux	»	Fluviatilis, Degl. et Zerbe.	C. *Cabussié, Plounjoun de rivièro.* Sédentaire.

Famille L. — Colymbidés, Colymbidæ.

Plongeon	Imbrin	Colymbus	Glacialis, Linné.	A. R. *Flaou, Pitre, Plounjoun.* En hiver.
»	Cat-Marin	»	Septentrionalis, Linné.	A. R. *Flaou, Pitre, Plounjoun.* En hiver.
»	Lumme	»	Articus, Linné.	A rechercher. Cité dans le Var.

Famille LI. — Alcidés, Alcidæ.

Sous-Famille LXXXII. — Alciens, Alcinæ.

Macareux	Arctique	Fratercula	Arctica, Vieill.	A. R. *Maou-marida.* En hiver.
Pingouin	Torda	Alca	Torda, Linné.	C. *Bedouin, Maou-marida.* En hiver.

CLASSE III. — REPTILES, REPTILIA.

ORDRE I. — CROCODILIENS, CROCODILII.

N'est plus représenté dans la Faune actuelle de notre région, mais a laissé de nombreux restes fossiles dans les dépôts miocènes et pliocènes, et même dans l'infracrétacé car Le *Neustrosaurus Gigundarum* a été recueilli dans les assises du néocomien de Gigondas (Vaucluse). A l'époque glaciaire ces vertébrés subissant l'influence de conditions climatériques différentes ont dû ou disparaître ou émigrer vers des contrées plus chaudes, leur supériorité organique ne leur permettant pas une adaptation convenable aux conditions biologiques trop modifiées pour eux.

ORDRE II. — CHÉLONIENS, CHELONII.

Famille I. — Tortues terrestres ou Chersites.

Tortue	Grecque	Testudo	Græca, Linné.	A. C. *Tartugo*. Parcs et jardins. Nuisible, se nourrit de végétaux.
»	Mauresque	»	Mauritanica, Dum. et Bibron.	R, *Tartugo*. Parcs et jardins. Id.

Famille II. — Tortues palustres ou Elodites.

Cistude	D'Europe	Cistude	Europæa, Gray.	A. C. *Tartugo dei palus*. Marais. Nuisible, dévore les poissons.

Famille III. — Tortues marines ou Thalassites.

Chelonée	Caouane	Chelonia	Caouana, Schw.	T. R. *Tartugo de mar*. Se rapproche rarement de nos côtes.
Spargis	Luth	Spargis	Coriacea, Rondelet.	T. R. *Tartugo de mar*. Id.

Les Cheloniens ont laissé dans notre pays des restes nombreux et cela depuis la période secondaire jusqu'à la fin du pliocène. Outre les fossiles étudiés par Lamanon, Cuvier, Marcel de Serres, Dubreuil, Jeanjean, etc., soit à Aix, soit à Lunel-Viel, ou dans les brèches de Nice et d'Antibes, il convient de citer le *Testudo Leberonensis* découvert dans les limons rouges miocènes supérieurs du mont Léberon, près du torrent de Vabre, à trois kilomètres à l'est de Cucuron (Vaucluse). Ce fossile étudié par M. Depéret dépasse par ses dimensions (sa boite osseuse, en ligne droite, est longue de 1 m. 50 et d'une largeur maximum de 1 m. 13), toutes les tortues vivante et fossiles connues, à l'exception de la Colossochelys de l'Himalaya. La tortue du Léberon semble avoir été l'ancêtre direct de la *Testudo Perpipiana* qui vivait lors du pliocène dans le Roussillon.

ORDRE III. — SAURIENS, SAURII.

SOUS-ORDRE DES FISSILINGUES.

Famille IV. — Lacertidés, Lacertidæ. Utiles.

Lézard	Des murailles	Lacerta	Muralis, Dum. et Bibron.	C. *Angloro. Rengloro*, *Reinéto*, *Lagremuso*. Vieux murs. Races nombreuses.
»	Vert	»	Viridis, Dum. et Bibron.	C. *Luser*, *Luser verd*. Nos buissons. Races nombreuses.
»	Des souches	»	Stirpium, Dum. et Bibron.	R. *Luser*, *Laser*. Lisières des bois, haies de la plaine.
»	Vivipare	»	Vivipara, Dum. et Bibron.	R. *Angloro*. Région montagneuse de la partie nord du Gard.
»	Ocellé	»	Ocellata, Dum. et Bibron.	A. C. *Luser dei gros*. *Letre*, *Rassado*. Lisière des bois. Non vénimeux.
Tropidosaure	Algire	Tropidosaurus	Algira, Fitzeng.	A rechercher. Se trouve dans l'Hérault.
Psammodrome	D'Edwards	Psammodromus	Edwardsii, Dum. et Bibron.	*Angloro*, *Luzer*. Commun sur les sables du littoral, plus rare dans les garrigues.
Acanthodactyle	Commun	Acanthodactylus	Vulgaris, Dum. et Bibron.	R. *Angloro*. Endroits pierreux.

Dans les cavernes du Midi de la France, notamment à Lunel-Viel, on a trouvé les ossements d'un lacertilien qui ne paraît pas différer de notre Lézard ocellé.

SOUS-ORDRE DES BRÉVILINGUES.

Famille V. — Chalcidés, Chalcidæ. Utiles.

Orvet	Fragile	Anguis	Fragilis, Dum. et Bibron.	C. *Anadiel*, *Anadièu*, *Orgueil*. Prairies humides. Inoffensif.
Seps	Chalcide	Seps	Chalcis, Dum. et Bibron.	A. R. *Anadiel*, *Anadièu*. Prairies montagneuses. Inoffensif.

SOUS-ORDRE DES CRASSILINGUES.

Famille VI. — Geckotidés, Geckotidæ. Utiles.

Gecko	Des murailles	Platydactylus	Muralis, Dum. et Bibron.	R. *Blendo*, *Taranto*. Vieux murs. Espèce du littoral que je rencontre encore à Tarascon, qui a été capturée une fois à Nimes, mais que je n'ai jamais vue à Avignon. Inoffensif.
Hémidactyle	Verruculeux	Himidactylus	Verruculatus, Cuvier.	Je l'ai observé dans les Bouches-du-Rhône, à Allauch. A rechercher.
Phyllodactyle	D'Europe	Phyllodactylus	Europœus, Géné.	Saurien à aire disjointe trouvé en 1876, par M. Marius Blanc, dans la petite île des pendus, près de Marseille. A rechercher.

ORDRE IV. — OPHIDIENS, OPHIDII.

SOUS-ORDRE DES SOLÉNOGLYPHES.

Famille VII. — Vipéridés, Viperidæ.

Vipère	Aspic	Vipera	Aspic, Dum. et Bibron.	A. R. *Vipero*. Lieux montueux et élevés de la partie nord du département. Est nuisible, sa morsure étant vénimeuse.
Péliade	Berus	Pelias	Berus, Dum. et Bibron.	*Vipero de la flour d'alis*. Se rencontrerait sur le Ventoux. Les bergers lui auraient donné son nom vulgaire à cause des trois plaques céphaliques qui caractérise cette espèce. A vérifier.

Piqué par une vipère, on doit établir une ligature au-dessus de la plaie élargir celle-ci avec un canif, puis la succer fortement, enfin la cautériser.

SOUS-ORDRE DES OPISTOGLYPHES.

Famille VIII. — Cœlopeltidés, Cœlopeltidæ.

Cœlopeltis	Maillé	Cœlopeltis	Insignitus, Wagler.	T. C. *Serp, Darboussiero*. Partout, plaines et montagnes. Atteint jusqu'à 2 mètres de longueur. A des crochets à venin au fond de la bouche. Malgré cela est inoffensive.

SOUS-ORDRE DES COLUBRIFORMES

Famille IX. — Colubridés, Colubridæ.

Zaménis	Vert et jaune	Zamenis	Viridiflavus, Dum. et Bibron.	A. R. *Ser*. Lieux chauds et secs. Plus commune dans les Basses-Alpes où je l'ai souvent observée à Gréoux.
Coronelle	Bordelaise	Coronella	Girundica, Dum. et Bibron.	A. C *Ser*. Vignes et Garrigues.
»	Lisse	»	Lœvis, Dum. et Bibron.	A. R. *Ser*. Lieux ombragés et frais.
Tropinodonte	Vipérin	Tropidonotus	Viperinus, Dum. et Bibron.	A. C. *Ser d'aigo*. Ruisseaux et mares
»	A Collier	»	Natrix, Dum. et Bibron.	T. C. *Ser d'aigo*. Bords des eaux.
Elaphe	D'Esculape	Elaphis	Æsculapii, Dum. et Bibron.	R. *Ser*. Nos champs. Rare dans le Gard, Vaucluse, Bouches-du-Rhône et Var, serait plus commune dans les Alpes-Maritimes où elle habite particulièrement le quartier de la Trinité-Victor, à trois lieues de Nice.
»	A quatre raies	»	Quaterradiatus, Dum. et Bib.	T. R. *Ser*. Nos champs. Ne serait pour beaucoup d'herpetologues qu'une variété de l'espèce précédente.
Rhinechis	A échelons	Rhinechis	Scalaris, Bonaparte.	C. *Ser*. Lieux secs et arides. Collines de Villeneuve-les-Avignon, Léberon, etc. Crespon la dit rare aux environs de Nimes. Je l'ai trouvée partout depuis Montpellier jusqu'à Nice.

MM. Pomel et Bravard ont découvert dans le gisement proïcène de la Débruge, près d'Apt (Vaucluse) un serpent encore indéterminé.

CLASSE IV. — BATRACIENS, BATRACHIA.

ORDRE I. — BATRACHIENS ANOURES, BATRACHIA ANURA. Tous très utiles.

Famille I. — Ranidés, Ranidæ.

Grenouille	Verte	Rana	Esculenta, Linné.	T. C. *Granouio*, *Testo d'ase*, le têtard (nom qui est donné à tous les têtards des Batraciens). Fossés, mares et bords des cours d'eau. On mange son train postérieur.
»	Rousse	»	Fusca, Rœsel.	C. *Granouio*. Mares, étangs et fossés.
»	Rousse d'Honnorat	»	Fusca Honnorati, H. Royer.	*Granouio*. Variété de la Grenouille rousse qui habite les mares des lieux élevés des Basses-Alpes. A rechercher dans les parties hautes du département.
»	Agile	»	Agilis, Thomas.	*Granouio*, Bords des cours d'eau, Gardon, Fontaine de Vaucluse, etc On l'avait confondue avec la Verte et la Rousse dont elle se distingue surtout par la longueur de ses membres postérieurs.

Les Grenouilles ont laissé de nombreux restes fossiles parmi lesquels on peut citer ceux des *Rana aquensis*, Coquand, *Rana Dumerilii*, recueillis dans les formations gypseuses d'Aix-en-Provence.

Famille II. — Discoglossidés, Discoglossidæ.

Sonneur	Igné	Bombinator	Igneus, Laurenti.	A. C. *Grapaud-déi-pichot*. Eaux stagnantes des parties basses du département.
Alyte	Accoucheur	Alytes	Obstetricans.	A. C. *Grapaud-déi-pichot*. Habite en colonies les carrières abandonnées, les talus, les murailles, les vieilles constructions et les endroits pierreux en général.

Famille III. — Hylæidés, Hylæidæ.

Rainette	Verte	Hyla	Arborea, Linné.	A. C. *Reinéto*. C'est le singe de nos batraciens. Vit sur les plantes et les arbustes des lieux humides, dont elle prend la coloration.
»	Baryton	»	Barytonus, Héron Royer	*Reinéto*. Variété de la Reinette verte décrite par Héron Royer d'après des spécimens capturés à Montfavet, près d'Avignon, et qui se distingue de l'espèce type par son chant et par la grosseur du sac vocal que le mâle porte devant ses pattes antérieures. A rechercher dans les parties basses du département.

Famille IV. — Bufonidés, Bufonidæ.

Crapaud	Commun	Bufo	Vulgaris, Laurenti.	T. C. *Crapaud*, *Grapaud*. Lieux humides ; est noctambule. Très utile.
»	Calamite	»	Calamita, Laurenti.	A. C. *Grapaud*. Une ligne médio-dorsale jaune. Vit en société dans les endroits frais parmi les joncs et les roseaux.

Marcel de Serres, Dubreuil et Jeanjan ont trouvé dans les cavernes de Lunel-Viel, les restes fossiles d'un crapaud voisin du *Bufo agua*, espèce vivant actuellement au Brésil et qui est le géant de la famille des Bufonidés.

Famille V. — Pelobatidés, Pelobatidæ.

Pélobate	Cultripède	Pelobates	Cultripes, Tschudi.	A. R. *Crapaud*, *Grapaud*. Nocturne. Vit près des mares. Est plus commun sur le littoral et je l'ai observé maintes fois aux Martigues.
Pelodyte	Ponctué	Pelodytes	Punctatus, Dugès.	A. C. *Grapaud*, *Reinèto*. Lieux pierreux de nos garrigues, dans les vignes, etc

ORDRE II. — BATRACIENS URODÈLES, BATRACHIA URODELIA.

Famille VI. — Salamandridés, Salamandridæ.

Salamandre	Tachetée	Salamandra	Maculosa, Laurenti.	A. R. *Alabreno*, *Talabreno*, *Blento*, *Blendo*. Terrestre. Habite les lieux humides de nos régions montagneuses.
Spelerpe	Noir	Spelerpes	Fuscus, Bonaparte.	Espèce nouvelle pour la faune française que M. E. Simon a capturée en mai 1880 sous les mousses, à une altitude de 1800 mètres environ, dans une forêt de pins et de mélèzes, à Saint-Martin-de-Lantosque (Alpes-Maritimes). A rechercher dans les parties hautes du département.
Triton	Alpestre	Triton	Alpestris, Laurenti.	A. C. *Luzer d'aigo*. Nos fossés. N'est pas rare à Avignon.
»	Marbré	»	Marmoratus, Latreille.	A. C. *Luzer d'aigo*. Nos fossés. Sort surtout la nuit et erre dans les herbages.
»	Crêté	»	Cristatus, Laurenti.	A. C. *Luzer d'aigo*, *Salamandro*. Fontaines et eaux vives.
»	Palmé	»	Palmatus, Schneider.	A. C. *Luzer d'aigo*. Nos ruisseaux. Crespon dit cette espèce rare dans le Gard, je la trouve assez communément à Avignon.
»	Lobé	»	Lobatus, Otthon.	C. *Luzer d'aigo*. Fossés et mares. C'est à cette espèce qu'il semble falloir rapporter la Salamandre abdominale (*Lissotriton abdominalis*, Bell.) dont parle Crespon, p. 269.

Il n'est pas inutile de faire observer que les Batraciens ne sont pas des animaux à redouter. En effet, bien qu'il soit hors de doute que ces êtres élaborent dans des pustules disséminées sur certaines parties de leur corps une humeur laiteuse qui suinte au moment du péril, elle est destinée par sa saveur nauséabonde et brûlante et son amertume insupportable à rebuter les assaillants. Mais ce liquide, redoutable s'il était introduit dans la circulation, ne peut guère nuire, les Batraciens, manquant d'appareil spécial pour l'inoculer. Il faut voir en eux des auxiliaires fort utiles, car ils nous rendent (les grapauds surtout), des services incontestables en débarrassant nos plantes de la vermine qui les ronge.

CLASSE V. — POISSONS, PISCES.

ORDRE I. — DIPNOIQUES, DIPNOI.

N'est pas représenté dans notre faune. Les êtres qui le composent rentraient autrefois dans les poissons cartilagineux de Cuvier, mais ils diffèrent essentiellement de ceux-ci par l'adaptation du sac natatoire à la respiration aérienne. Ce ne sont point des Sélaciens, car ils ont une vessie natatoire alors que ces derniers en manquent ; ils se rapprochent des Ganoïdes par la plupart de leurs caractères, et, en dernière analyse, il est possible de les considérer comme des Ganoïdes chez lesquels la vessie natatoire se serait conservée en s'adaptant à la respiration atmosphérique. Cet organe peut rester indivis ou se bilober de façon à former deux poches réunies en avant, près de l'ouverture œsophagienne ; alors l'analogie avec les Batraciens est complète et ces types établissent le passage des Batraciens aux Poissons. Les Dipnoiques peuvent, alors que les cours d'eau qu'ils habitent sont desséchés, vivre un certain temps dans les herbes à la manière des Anguilles. Ils appartiennent au Brésil, à l'Afrique et à l'Australie.

ORDRE II. — TÉLEOSTÉENS, TÉLEOSTEI.

Ce sont les poissons osseux des auteurs. Ils comprennent 4 sous-ordres :

A. — ACANTHOPTÉRYGIENS, ACANTHOPTERYGII.

Est subdivisé en trois tribus suivant que les nageoires ventrales sont placées en avant, au-dessous, ou en arrière des pectorales :

Tribu I. — Acanthoptérygiens jugulaires, Acanthopterygii jugulares.

Famille I. — Trachinidés, Trachinidæ.

Uranoscope	Rat	Uranoscopus	Scaber, Linné.	T. C. *Biou*. Fonds vaseux qui avoisinent nos côtes. Chair peu estimée.
Petite	Vive	Trachinus	Vipera, Cuv. et Val.	A. C. Dans notre mer.
Vive	Commune	»	Draco, Linné.	T. C. *Aragno, Iragno*. Chair blanche, ferme, feuilletée, d'une saveur excellente et de facile digestion.
»	A tête rayonnée	»	Radiatus, Cuvier.	R. *Iragno*. Notre mer.
»	Araignée	»	Araneus, Cuvier.	A. R. *Iragno*. Notre mer. Chair très estimée.

Les Vives sont redoutées des pêcheurs à cause des blessures que les épines des opercules peuvent produire. Les docteurs Gressin, de Montivilliers et Bottard, du Hâvre, ont décrit il y quelques années l'appareil venimeux de ces poissons.

Famille II. — Blenniidés, Blenniidæ.

Blennie	Paon	Blennius	Pavo, Risso.	T. C. *Bigoulo. Bigouno.* Tout le littoral.
»	Palmicorne	»	Palmicornis, Cuv. et Valenc.	A. R. Se montre en avril et mai.
»	Cagnette	»	Cagnota, Valenc.	A. R. Est le seul Blennie qui vive dans les eaux douces. Risso l'a trouvé en 1810 dans le Var et ses affluents. Des observations postérieures ont démontré l'existence de cette espèce dans la plupart des départements méridionaux, depuis le Tarn-et-Garonne jusqu'aux Alpes-Maritimes.
»	De Roux	»	Rouxi, Cocco.	Espèce de la Méditerranée, trouvée à Cette par M. Doumet-Adanson. A rechercher.
»	Gattorugine	»	Gattorugine, Brünnich.	A. C. Sur toutes nos côtes.
»	Tentaculaire	»	Tentacularis, Brünn.	A. C. Sur tout le littoral méditerranéen
»	Graphique	»	Graphicus, Risso.	T. R. Nice. A rechercher.
»	Papillon	»	Ocellaris, Linné.	T. C. *Lebre-de-mar, Diable, Bigoulo.* Notre mer.
»	Tête rouge	»	Erythrocephalus, Risso.	Se montre assez rarement à Nice et à Toulon depuis le mois de mars jusqu'en septembre. A rechercher.
»	Sphinx	»	Sphinx, Valenc.	Espece nisarde très rare. A rechercher.
»	Aux dorsales inégales	»	Inæqualis, Valenc.	Espèce de Cette où elle est rare. A rechercher.
»	De Montagu	»	Montagui, Fleming.	T. R. Nice. A rechercher. A des filaments sétacés sur le milieu de la tête.
»	Basilic	»	Basilicus, Val.	T. R. Toulon. A rechercher.
»	Trigloides	»	Trigloides, Val.	T. R. Nice. A rechercher. A un petit tentacule frangé à l'orifice antérieur de la narine.
Clinus	Argenté	Clinus	Argentatus, Risso.	A. R. Nice et Toulon. A rechercher. Tête sans crêtes ; dorsale double.
Tripterygion	Nase	Tripterygion	Nasus, Risso.	A. R. Nice, Toulon, Marseille et peut-être Cette. A rechercher. Corps écailleux, dorsale triple.

Famille III. — Callionymidés, Callionymidæ.

Callionyme	Lyre	Callionymus	Lyra, Linné.	T. R. Cette. A rechercher. Se montre surtout en février.
»	Tacheté	»	Maculatus, Rafinesque.	A. C. *Pinaou* à Cette. *Moulet, Limbert.* Notre mer.
»	Lacert	»	Dracunculus, Bonaparte.	A. R. Se montre en juillet. La piqure produite par son éperon est assez redoutée mais moins que celle des Vives.
»	Belène	»	Belenus, Risso.	A. C. A Nice. Aurait été capturée à Cette. A rechercher.

La chair des Callionymes est blanche, légère et de bon goût ; mais elle n'est guère utilisée pour l'alimentation, à cause de la taille toujours petite de ces poissons.

Famille IV. — Lophiidés, Lophiidæ.

Baudroie	Commune	Lophius	Piscatorius, Linné.	T. C. *Baoudroï.* Toutes nos côtes. Chair estimée.
»	Budegassa	»	Budegassa, Spinola.	T. C. *Baoudroï.* Notre mer. Chair très estimée.

Tribu II. — Acanthoptérygiens thoracique, Acanthopterygii thoracici.

Famille V. — Gobiidés, Gobiidæ.

Gobie	A haute dorsale	Gobius	Jozo, Linné.	A. C. *Gòbi*, *Nigra*. Tout notre littoral.
»	Colonien	»	Colonianus, Risso.	A. R. à Nice ; indiqué à Cette par M. Doumet. A rechercher.
»	Lote	»	Lota, Valenc.	C. Sur notre littoral. Le mâle construit un nid en mars.
»	Céphalote	»	Capito, Valenc.	A. C. Sur toute la côte méditerranéenne. C'est le plus grand gobie européen.
»	A gouttelettes	»	Guttatus, Valenc.	T. R. à Nice ; A. R. à Cette. A rechercher.
»	Ensanglanté	»	Cruentatus, Gm.	A. C. Sur tout notre littoral.
»	A quatre taches	»	Quadrimaculatus, Valenc.	A. R. Sur les côtes du Gard.
»	Buhotte	»	Minutus, Cuv. et Valenc.	A. C. Sur notre littoral.
»	Réticulé	»	Reticulatus, Valenc.	Indiquée à Nice où elle est rare, cette espèce est à rechercher sur notre littoral.
»	De Lesueur	»	Lesueurii, Risso	A. R. à Nice. A rechercher ici.
»	Doré	»	Auratus, Risso.	A. C. Sur tout le littoral. Apparait en février, juillet et septembre. Chair fort appréciée.
»	A joue poreuse	»	Geniporus, Valenc.	E. R. Sur nos côtes. M. Em. Moreau en a reçu un type de Nice. A rechercher.
»	Paganel	»	Paganellus, Linné.	A. C. Sur tout notre littoral.
»	A deux teintes	»	Bicolor, Gmelin.	E. R. Dans toute la Méditerranée.
»	Noir	»	Niger, Linné.	C. Sur toutes nos côtes. Construit un nid.
»	Bordé	»	Limbatus, Valenc.	T. R. Mer de Nice. A rechercher.
»	Zèbre	»	Zebrus, Risso.	Espèce de la Méditerranée, indiquée à Nice par Risso. A rechercher.
»	A filament	»	Filamentosus, Risso.	Espèce nisarde mal connue et que je ne puis indiquer comme se trouvant rarement sur notre côte. A vérifier.
Aphye	Pellucide	Aphya	Pellucida, Em. Moreau,	*Méléto*. Est le plus petit poisson de l'Europe, car il mesure a peine 0m045. On le trouve en grande abondance d'Antibes à Menton.

Les Gobiidés vivent sur les plages rocheuses. Leur chair est blanche et de bon goût, mais leur taille exiguë fait qu'on les recherche peu pour la table. Pourtant à Nice on consomme de grande quantité d'Aphye pellucide ou Nonnat qu'on apprête de deux façons, tantôt ces poissons minuscules sont jetés dans du lait bouillant et donnent un mets très recherché, tantôt ils sont frits et ainsi préparés, ils sont d'une grande délicatesse.

Famille VI. — Mullidés, Mullidæ.

Mulle	Surmulet	Mullus	Surmuletus, Linné.	A. C. *Rouget*, *Femello dòu rouget*. Toutes les côtes françaises.
»	Brun	»	Fuscatus, Rafinesque.	C. *Rouget*. Spécial à la Méditerranée. Est commun sur nos côtes.
»	Rouget	»	Barbatus, Willugh.	C. *Rouget*. Tout le littoral.

Les Mulles étaient en haute estime chez les anciens et Suétone nous a conservé l'histoire d'un Surmulet qui fut vendu 5f44 francs. Aujourd'hui encore les Mulles sont misavec raison au nombre des meilleurs comme des plus beaux poissons de mer ; leur chair est blanche, ferme, friable, agréable au goût, un peu piquante ; elle se digère facilement parce qu'elle n'est pas grasse.

Famille VII. — Triglidés, Triglidæ.

Sous-Famille I. — Trigliniens, Triglini.

Dactyloptère	Volant	Dactylopterus	Volitans, Bonaparte.	R. *Pèis-voulant*. Méditerranée. Chair médiocrement estimée.
Malarmat	Cuirassé	Peristedion	Cataphractum, Bonaparte.	A. R. *Maou-arma*. Nos côtes. Chair peu appréciée.
Trigle	Pin	Trigla	Pini, Bloch.	A. R. Tout notre littoral.
»	Imbriago	»	Lineata, Walbaum.	A. C. *Ibrougno*, *Imbriago*. Toutes nos côtes.
»	Morrude	»	Cuculus, Risso.	A. C. *Linoto*. Toutes nos côtes.
»	Gornaud	»	Gurnardus, Linné.	A. R. *Bulugan* et *Cabiouno*. Toutes nos côtes.
»	Milan	»	Milvus, Risso.	A. C. *Belugan* et *Cabiouno*. Toutes nos côtes.
»	Lyre	»	Lyra, Linné.	C *Pinaou* et *Grougnan*. Nos côtes.
»	Corbeau	»	Corax, Bonaparte.	T. C. *Caboto voulanto*, *Boulaido*. Nos côtes.
»	Cavillonne	»	Cavillone, Lacépède.	A. C. *Rascassoun*, *Rascoun*, *Caviho*. Nos côtes.

La plupart de ces espèces vivent en troupes nombreuses et ne s'éloignent pas beaucoup de nos côtes ; elles font entendre quand on les saisit, un bruit plus ou moins fort qui démontre toute la fausseté du proverbe : muet comme un poisson et leur a valu le nom de *Grougnan*. Chair assez estimée.

Sous-Famille II. — Cottiniens, Cottini.

Chabot	De Rivière	Cottus	Gobio, Linné.	T. C. *Cabot*, *Chabaou*, *Ase*. Rivières de nos montagnes, haut Gardon, Rhône où on le prend même l'hiver. Le male construit un nid et veille sur les œufs. Chair devenant rouge par la cuisson ; elle est tendre, de saveur agréable et constitue un aliment sain et très facile à digérer surtout de décembre en avril.

Le genre Chabot renferme plusieurs espèces fossiles. On peut citer pour notre région : *Cottus aries*, Agassiz, des Gypses d'Aix et un Cottus..... (*indéterminé*) trouvé dans les calcaires marneux lacustres (oligocène) du bassin de carénage de Marseille.

Sous-Famille III. — Scorpéniniens, Scorpænini.

Scorpène	Truie	Scorpæna	Scrofa, Linné.	C. *Capoun*. Nos côtes. On donne le nom de *Capoun jaune* à une variété de la Scorpène truie qui diffère surtout par son système de coloration où le jaune domine. Risso en avait fait une espèce distincte sous le nom de *Scorpæna lutea*.
»	Brune	»	Porcus, Linné.	T. C. *Rascasso*, *Pouarc*. Nos côtes.
»	Pustuleuse	»	Ustulata, Lowe.	A. C. Nice. A rechercher.
Sebaste	Dactyloptère	Sebastes	Dactyloptera, Delar.	R. *Cardouniero*. Nos côtes.

Famille VIII. — Bérycidés, Berycidæ.

Béryx	Décadactyle	Beryx	Decadactylus, C et V.	Accidentellement. Mer de Nice. A rechercher.
Hoplostèthe	De la Méditerranée	Hoplostethus	Méditerraneus, C. et V.	E. R. Mer de Nice. A rechercher.

Famille IX. — Percidés, Percidæ.

Sous-Famille I. — Perciniens, Percini.

Perche	De Rivière	Perca	Fluviatilis, Bellon.	A. C. *Perco, Pergo*. Les eaux douces. Chair blanche, savoureuse, de facile digestion.
Bar	Commun	Labrax	Lupus, Cuvier.	C. *Loup, Loupassou*. Notre mer. Au printemps il remonte dans les eaux douces et pénétre en quantité dans les étangs, d'où il regagne la mer en septembre. La chair des espèces capturées dans la mer est plus estimée que celles des sujets pris dans les eaux douces. T. R. dans le Rhône.
»	Tacheté	»	Punctatus, Capello.	Méditerranée A rechercher
Apron	Commun	Aspro	Vulgaris, Cuvier.	A. R. *Anadèlo, Ase*. Semble spécial au Rhône et à ses affluents. Je l'ai vu plusieurs fois entre les mains des pêcheurs de Villeneuve. Chair très estimée.
Gremille	Commune	Acerina	Cernua, Blanchard.	T. R. *Grimou, Goujoun-percha*. Les eaux douces du Nord-Est. N'est guère connu ici que depuis 1840, époque où M le docteur Miergue, d'Anduze, en adressa un spécimen à Crespon. Plus tard M. Henri Fabre en prit un autre dans le Rhône, à Avignon ; puis en 1875, on en captura un troisième à Saint-Gilles, dans le canal de Beaucaire à Aigues-Mortes. C'est probablement le point méridional de son habitat. Il y a une vingtaine d'années qu'on le pêche à Villeneuve. Je vois souvent capturer des individus pesant de 50 à 100 grammes. Il est surtout T. C. dans les *roubines* quand les eaux du Rhône sont troubles. C'est un de nos meilleurs poissons d'eau douce.

Les gypses d'Aix-en-Provence renferment de beaux spécimens de *Perca Beaumonti*, Agassiz, espèce caractérisée par le mode de dentelure de son préopercule. On y rencontre aussi des emprintes nombreuses de *Smerdis minutus*, Agassiz. Le *Smerdis macrourus*, Agassiz, est du Miocène inférieur et ses débris abondent à Bonnieux, près d'Apt (Vaucluse) et à Véve (Basses-Alpes).

Sous-Famille II. — Serraniniens, Serranini.

Cernier	Brun	Polyprion	Cernium, Valenciennes.	A. R. *Fanfre rascas*. Notre mer. Chair blanche et savoureuse.
Serran	Ecriture	Serranus	Scriba, Cuv. et Valenc.	A. C. *Saran*. Toute la Méditerranée. Chair excellente.
»	Cabrille	»	Cabrilla, Risso.	C. *Roussignaou*. Toutes nos côtes.
»	Hépate	»	Hepatus, Risso.	T. C. *Petaïre*. Notre mer.

Les Serrans sont les seuls vertébrés hermaphrodites. Aristote avait reconnu ce fait ; le Moyen-Age n'ajouta rien aux recherches du naturaliste de la Macédoine et il faut arriver à la fin du XVIIIe siècle pour voir Cavolini venir confirmer les idées d'Aristote. Malgré cela, l'évidence du fait ne s'imposait pas à tous les zoologistes. C'est pour dissiper le moindre doute que le docteur Dufossé entreprit une série d'observations qui montrèrent l'exactitude des assertions émises par Aristote et vérifiées par Cavolini. Chaque serran produit des œufs qu'il féconde dès qu'il les a pondus.

Mérou	Brun	Epinephelus	Gigas, Brünnich.	Je le connais de Marseille et de Nice, mais je ne l'ai jamais reçu de notre littoral. A rechercher.
»	A museau aigu	»	Acutirostris, C. et V.	E. R. Nice. A rechercher.
»	De Costa	»	Costæ. Steindachn.	Idem.
Barbier	De la Méditerranée	Anthias	Sacer, Bloch.	R. *Barbié.* Ce poisson, l'un des plus beaux de la Méditerranée, habite les endroits rocailleux et se tient dans les grands fonds.
Callanthias	Peloritain	Callanthias	Peloritanus, Cocco.	E. R. Nice. A rechercher.

Sous-Famille III. — Apogoniniens, Apogonini.

Apogon	Commun	Apogon	Imberbis, Günther.	R. *Rèi-dei-rouget.* Notre mer. Chair colorée et délicate.
Pomatome	Télescope	Pomatomus	Telescopus, Risso.	T. R. Mer de Nice. A rechercher.

Famille X. — Sciénidés, Sciænidæ.

Ombrine	Commune	Umbrina	Vulgaris, Cuv. et Valenc.	C. *Daïnès.* Notre littoral, au printemps ; pénètre volontiers dans les eaux saumâtres du Rhône.
Maigre	Commun	Sciæna	Aquila, Cuvier.	A. C. *Daïnès, Pèis-rei.* Nos côtes. Chair blanche, sèche et ferme, peu délicate.
Corb	Noir	Corvina	Nigra, Cuvier.	A. R. *Cuorb.* Notre mer et les étangs salés.
Pristipome	De Bennet	Pristipoma	Bennettii, Lowe.	Accidentel. Cette, étang de Thau.

Famille XI. — Scombridés, Scombridæ.

Sous-Famille I. — Scombriniens, Scombrini.

Scombre	Maquereau	Scomber	Scombrus, Lacépède.	C. *Beïdat, Veirat.* Toutes nos côtes. Chair assez estimée.
»	Colias	»	Colias, Linné.	A. R. *Biar, Gros-vèi.* Notre mer. Chair peu estimée.
Auxide	Commune	Auxis	Vulgaris, Cuv. et Valenc.	Poisson qui se montre assez rarement dans la mer de Nice. A rechercher.
Bonite	A ventre rayé	Thynnus	Pelamys, Cuv. et Valenc.	Espèce des mers de la zône torride qui s'égare parfois dans la Méditerranée. A rechercher.
Thon	Thonine	»	Thunnina, Cuv. et Valenc.	A. R. *Tounino.* Notre mer. De passage. Chair estimée.
»	Commun	»	Vulgaris, Cuv. et Valenc.	C. *Toun.* Toutes les côtes de la Méditerranée. Chair grasse et délicate.
»	A pectorales courtes	»	Brachypterus, Cuv. et Valenc.	A. C. Notre mer.
»	Germon	»	Alalonga, Cuv. et Valenc.	R. *Toun.* Notre mer. Mai-juin. Chair plus blanche que celles des espèces précédentes et aussi plus estimée.
Pélamide	Commune	Pelamys	Sarda, Willugh.	A. R. *Bonitou.* Nos côtes pendant la belle saison. Chair estimée.
»	De Bonaparte	»	Bonaparte, Vérany.	Espèce très rare pour la mer de Nice. A rechercher.

Sous-Famille II. — Thyrsitiniens, Thyrsitini.

Rouvet	Précieux	Ruvettus	Pretiosus, Cocco.	Accidentel. Mer de Nice. A rechercher.

Sous-Famille III. — Caranginiens, Carangini.

Saurel	Commun	Trachurus	Vulgaris, Nobis.	C. *Sieurel*, *Suvereou*. Toutes nos côtes. Voyage par troupes et ne s'approche du rivage que pour frayer. Chair molasse et médiocrement estimée.

Là se placent trois caranx (*Caranx luna*, G. St-Hil. ; *C. fusus*, G. St-Hil. ; *C. suaerus*, Risso, poissons fort rares et qui paraissent propres à la mer de Nice.

Sous-Famille IV. — Centronotiniens, Centronotini.

Pilote	Ordinaire	Naucrates	Ductor, Cuv. et Val.	A. C. *Fanfre*, *Galafat*. Nos côtes. Chair délicate.
Liche	Glaycos	Lichia	Glaucus, Cuv, et Val.	R. *Licha*, *Nicha*, *Pelamido*. Notre mer.
»	Amie	»	Amia, Cuv. et Val.	T. R. *Licha*. Apparaît aux équinoxes.
»	Vadigo	»	Vadigo, Risso.	Espèce nisarde très rare. A rechercher.
Sériole	De Duméril	Seriola	Dumerilii, Risso.	Espèce nisarde. A rechercher dans notre mer.
Temnodon	Sauteur	Temnodon	Saltator, Cuv. et V.	Accidentellement. Nice. A rechercher.

Sous-Famille V. — Zéiniens, Zeini.

Zée	Forgeron	Zeus	Faber, Linné.	T. C. *Gal*, *Péis-San-Pierre*. Toutes nos côtes. Chair délicate.
»	A épaule armée	»	Pungio, Cuv. et Val.	T. C. *Gal*, *Peis-Sant-Pierre*. Méditerranée.

Sous-Famille VI. — Capriniens, Caprini.

Capros	Sanglier	Capros	Aper, Lacépède.	A. R. *Péis-porc*. Nos côtes. Chair délicate et de bon goût.

Sous-Famille VII. — Cubicépiniens, Cubicepini.

Cubiceps	Grêle	Cubiceps	Gracilis, Günther.	E. R. Deux captures à Nice et une à Cette. A rechercher.

Sous-Famille VIII. — Lampriniens, Lamprini.

Lampris	Lune	Lampris	Luna, Risso.	E. R. Je le connais de Nice, Toulon, Marseille. A rechercher.

Sous-Famille IX. — Braminiens, Bramini.

Castagnole	Commune	Brama	Raii, Schneider.	T. R. *Castagnolo*. Notre mer.

Sous-Famille X. — Centrolophiniens, Centrolophini.

Centrolophe	Pompile	Centrolophus	Pompilus, Risso.	R. Notre mer.
»	De Valenciennes	»	Valenciennesi, Em. Moreau.	Mer de Nice. A rechercher.
»	Ovale	»	Ovalis, Cuv. et Val.	Idem.
»	Epais	»	Crassus, Cuv. et Val.	Idem.
»	Liparis	»	Liparis, Risso.	Idem.
Schédophile	Medusophage	Schedophilus	Medusophagus, Cocco.	Une capture, Marseille (1877).
Stromatée	Fiatole	Stromateus	Fiatola, Linné.	T. R. *Lippa*. Notre mer.
»	Seserin	»	Microchirus, Bonaparte.	T. R. Notre mer.
Louvareou	Impérial	Luvarus	Impérialis, Rafinesque.	E. R. *Toun blanc*. Pris deux fois à Cette. A rechercher.

Sous-Famille XI. — Coryphéniniens, Coryphænini.

Astroderme	Elégant	Astrodermus	Elegans, Cuv. et Val.	E. R. Dans la Méditerranée. A rechercher.
Coryphène	Hippurus	Coryphæna	Hippurus, Linné.	E. R. Dans la Méditerranée. A rechercher.

Sous-Famille XII. — Xiphéiniens, Xipheini.

Espadon	Epée	Xiphias	Gladius, Linné.	A. C. *Pèis-espaso*, *Pèis-emperour*. Toutes nos côtes.
Tétrapture	Aiguille	Tetrapturus	Belone, Rafinesque.	E. R. Dans la Méditerranée. A rechercher.

Sous-Famille XIII. — Echénéiniens, Echeneini.

Echénéis	Rémora	Echeneis	Remora, Linné.	R. *La Lebre*. Toutes nos côtes.
»	Naucrate	»	Naucrates, Linné.	Espèce rarissime de la mer de Nice. A rechercher.

En résumé cette famille des Scombridés, si nombreuse en espèces, est des plus intéressantes pour le naturaliste, des plus utiles à l'homme. Que de bras, chaque année sont employés à la pêche des Maquereaux, des Thons, des Germons ! Quelle ressource fournit à l'alimentation publique la chair excellente de ces animaux ! On en fait parfois des captures tellement considérables qu'il devient impossible d'en tirer un parti bien avantageux ; pour ne citer qu'un exemple de ces pêches trop abondantes, je rappellerai que, le 7 septembre 1876, trois mille Thons furent pris aux environs de Collioure (M. Em. Moreau).

Famille XII. — Trichiuridés, Trichiuridæ.

Lépidope	Argenté	Lepidopus	Argenteus, Bonnat.	A. R. *Pèis d'argent*. Nos côtes. Chair ferme et d'un bon goût.

Famille XIII. — Tænioïdés, Tænioïdæ.

Sous-Famille I. — Lophotiniens, Lophotini.

Lophote	De Lacépède	Lophotes	Cepedianus, Giorna.	E. R. Dans la Méditerranée. A rechercher.

Sous-Famille II. — Cépoliniens, Cepolini.

Cépole	Rougeâtre	Cepola	Rubescens, Linné.	A. C. *Doumoisello*. Toutes nos côtes.

Sous-Famille III. — Trachyptériniens, Trachypterini.

Régalec	Epée	Regalecus	Gladius, Günther.	E. R. Dans la mer de Nice. A rechercher.
»	Trait	»	Telum, Cuv. et Val.	Idem.
Trachyptère	Faux	Trachypterus	Falx, Cuv. et Val.	T. R. *Pèis d'argent*, *Flambo*. Notre mer.
»	Iris	»	Iris, Cuv. et Val.	A. R. Mer de Nice. A rechercher.
»	A rayons lisses	»	Leiopterus, Cuv. et Val.	T. R. Idem.
»	De Spinola	»	Spinolæ, Cuv. et Val.	R. *Flambo*. Notre mer.
»	A crête	»	Cristatus, Bonelli.	T. R. Mer de Nice. A rechercher.

La Cépole rougeâtre est la seule espèce de la famille des Ténioidés qui serve à l'alimentation de l'homme et encore est-elle peu estimée.

Famille XIV. — Sparidés, Sparidæ.

A été subdivisée en cinq Sous-Familles en s'appuyant surtout sur la forme des dents :

Sous-Famille I. — Sarginiens, Sargini.

Sargue	Ordinaire	Sargus	Vulgaris, G. Saint-Hilaire.	C. *Sarguet negre*. Toute la Méditerranée.
»	De Rondelet	»	Rondeletii, Cuv. et Val.	T. C. *Sarguet*. Toutes nos côtes.
»	Vieille	»	Vetula, Cuv. et Val.	E. R. Je le connais des Martigues. A rechercher.
»	Annulaire	»	Annularis, G. Saint-Hilaire.	T. C. *Sarguet*. Habite les rochers submergés ; pénètre aussi dans les étangs salés.
Charax	Puntazzo	Charax	Puntazzo, Cuv. et Val.	A. R. Sur nos côtes ; plus commun à Nice.

Sous-Famille II. — Obladiniens, Obladini.

Bogue	Commun	Box	Boops, Bonaparte.	T. C. *Boguo*. Toutes nos côtes. Chair assez recherchée.
»	Saupe	»	Salpa, Cuv et Val.	T. C. *Saoupo*. Notre mer. Chair peu estimée
Oblade	Ordinaire	Oblada	Melanura, Bonaparte.	C. *Neblado*. Toute la Méditerranée. Chair médiocrement appréciée.

Sous-Famille III. — Spariniens, Sparini.

Pagel	Commun	Pagellus	Erythrinus, Cuv. et Val.	C. *Pagel*. Sur tout notre littoral.
»	A museau court	»	Breviceps, Cuv. et Val.	T. R. *Bourabeou* à Cette. Indiqué à Marseille, à Cette et à Nice.
»	Bogueravel	»	Bogaraveo, Cuv et Val.	R. *Bougrabeou*. Toute la Méditerranée.
»	Mormyre	»	Mormyrus, Cuv. et Val.	P. C. *Tenihé*. Toutes nos côtes.
»	Centrodonte	»	Centrodontus, Bonaparte.	C. *Pagel*. Toutes nos côtes.
»	Acarne	»	Acarne, Cuv. et Val.	C. *Pagel*. Dans toute la Méditerranée.
Pagre	Ordinaire	Pagrus	Vulgaris, Cuv. et Val.	A. R. *Pagre*. Nos côtes. Chair très estimée.
»	Orphe	»	Orphus, Cuv. et Val.	T. R. *Pagre*. La chair, à certaines époques, serait vénéneuse.
Daurade	Vulgaire	Chrysophrys	Aurata, Cuv. et Val.	T. C. *Aurado, Daourado, Saouqueno*. Nos côtes. Chair très estimée surtout quand ce poisson a séjourné quelque temps dans l'eau douce.
»	A museau renflé	»	Crassirostris, Cuv. et Val.	E. R. Mer de Nice. A rechercher.

Des dents de Daurades ont été signalées par Marcel de Serres dans les terrains tertiaires marins des environs de Montpellier.

Sous-Famille IV. — Canthariniens, Cantharini.

Canthère	Commun	Cantharus	Vulgaris, Cuv. et Val.	A. C. *Sarg, Canteno, Cantarelo*. Toutes nos côtes. Chair peu estimée.
»	Brême	»	Brama, Cuv. et Val.	E. R. Méditerranée.
»	Orbiculaire	»	Orbicularis, Cuv. et Val.	E. R. Doumet cite cette espèce comme se trouvant à Cette.

Sous-Famille V. — Denticiniens, Denticini.

Dentex	Ordinaire	Dentex	Vulgaris. Cuvier.	A. R. *Dentaou, Dente*. Nos côtes. Chair exquise.
»	Aux gros yeux	»	Macrophthalmus, Cuv. et Val.	T. R. *Bel-uèi, Gros-uèi*. Méditerranée, Nice, Cette.
»	Du Maroc	»	Maroccanus, Cuv. et Val.	Accidentel pour la Méditerranée.

Famille XV. — Ménidés, Mænidæ.

Mendole	Commune	Mæna	Vulgaris, Cuv. et Val.	A. C. *Mato-souldat*. Méditerranée. Le nom de *Cagarèlo* que ce poisson portait du temps de Rondelet est significatif et rappelle que sa chair peut dans certains cas produire de la superpurgation.
»	D'Osbeck	»	Osbeckii, Cuv. et Val.	A. C. *Brenièro*. Toutes les côtes de la Méditerranée.
»	Juscle	»	Jusculum, Cuv. et Val.	A. R. *Brenièro*. Sur notre littoral Méditerranéen.
»	Vomérine	»	Vomerina, Cuv. et Val.	A. C. *Brenièro*. Notre mer et les étangs salés.
Picarel	Ordinaire	Smaris	Vulgaris, Cuv. et Val.	A. C. *Vernieiro*. Toute la Méditerranée.
»	Martin-Pêcheur	»	Alcedo, Cuv. et Val.	C. Toutes les côtes de la Méditerranée.
»	Chrysèle	»	Chryselis, Cuv. et Val.	T. C. *Vernieiro*. Notre mer.
»	De Mauri	»	Mauri, Bonaparte.	A. R. *Gerle*. Espèce trouvée à Cette. A rechercher.
»	Insidiateur	»	Insidiator, C. et V.	E. R. Mer de Nice.

Les Ménidés vivent de substances animales, ils paraissent toujours se tenir dans les endroits vaseux. Leur chair est peu recherchée, elle est même d'assez mauvaise qualité ainsi que l'attestent les noms de *Mato-souldat* et de *Cagarèlo*. A Venise l'expression de mangeur de Mendoles (*Magnamenole*) serait une grave injure.

Famille XVI. — Labridés, Labridæ.

Sous-Famille I. — Labriniens, Labrini.

Labre	Tourd	Labrus	Turdus, Linné.	A. C. Toute la Méditerranée.
»	Merle	»	Merula, Linné.	A. C. *Roucaou*. Sur tout notre littoral Méditerranéen.
»	Linéolé	»	Lineolatus, Cuv. et Val.	T. R. Espèce de Nice et de Toulon. A rechercher.
»	Paré	»	Festivus, Risso.	A. R. *Roussignaou*. Toute la Méditerranée.
»	Louche	»	Luscus, Linné.	A. C. à Nice, Villefranche, Toulon, plus rare à Martigues. A rechercher.
»	Vert	»	Viridis, Linné.	A. C. *Verdoun*, *Berdoun*. Toute la Méditerranée.
»	Varié	»	Mixtus, Fries et Ekström.	A. C. *Roussignaou* (le mâle), *Roucaou* (la femelle). Toutes nos côtes.
»	Des roches	»	Saxorum, Cuv. et Val.	T. R. Nice, Marseille A rechercher.
Crenilabre	Ocellé	Crenilabrus	Ocellatus, Forskal.	*Vaqueto* à Nice où elle est commune, elle est assez rare dans notre mer.
»	Roissal	»	Roissali, Risso.	R. Dans notre mer, plus commun à Marseille, Toulon, Nice.
»	Tigré	»	Tigrinus, Risso.	Espèce assez commune à Nice, mais que je n'ai observée ni à Marseille, ni à Cette. A rechercher.
»	Mélope	»	Melops, Risso.	A. C. *Claviero*, *Rouquièro*. Toutes nos côtes.
»	Sourcil doré	»	Chrysophrys, Risso.	Espèce rare à Nice et qui est à rechercher sur notre littoral.
»	Queue noire	»	Melanocercus, Risso.	A R à Toulon, Marseille et Nice où il apparaît en juin-juillet. A rechercher.
»	Bleu	»	Cæruleus, Risso.	A. R. Toute la Méditerranée.
»	Méditerranéen	»	Mediterraneus, Risso.	A. C. Sur notre littoral Méditerranéen. Ce *Roucaou* offre plusieurs variétés dont une le *C. Brunnichii*, Risso (*lou pèis-de-roco* des Marseillais) manque de taches sur le tronçon de la queue.
»	Petite tanche	»	Tinca, Risso.	A. C. *Roucaou*. Notre mer.
»	Arqué	»	Arcuatus, Risso.	Rare espèce nisarde qui se montre en mars, avril, septembre, elle fréquente les rochers peu profonds. A rechercher.
Crenilabre	Vert tendre	Crenilabrus	Chlorosochrus, Risso.	Espèce de la mer de Nice. A rechercher.
»	Paon	»	Pavo, Cuv. et Val.	C. *Roucaou*, *Claviero*. Tout le littoral. Prépare un nid pour y déposer ses œufs.
»	Massa	»	Massa, Risso.	C. Toute la Méditerranée. Se montre en mai.
Sublet	Groin	Coricus	Rostratus, Cuv. et Val.	R. *Sublaire*. Cette espèce méditerranéenne qui est T. C. à Nice où Risso l'a décrite sous trois noms différents en se basant sur des changements de coloration est encore C. à Toulon et à Marseille, mais elle devient R. sur notre côte.
Cténolabre	Des roches	Ctenolabrus	Rupestris, Cuv. et Val.	T. R. Toutes nos côtes. Je le connais de Marseille et de Cette. A rechercher.
»	Iris	»	Iris, Cuv. et Val.	T. R. Méditerranée. Mon excellent maître en ichthyologie, M. le docteur Emile Moreau, en a reçu deux exemplaires capturés à Cette. A rechercher.
Acantholabre	Palloni	Acantholabrus	Palloni, Cuv. et Val.	Je connais cette espèce de Marseille et de Cette mais je ne pourrais dire jusqu'à quel point elle est commune sur les côtes du Gard.
Girelle	Commune	Julis	Vulgaris, Cuv. et Val.	A. C *Girélo*. Méditerranée.
»	Giofredi	»	Giofredi, Risso.	A. R. *Girélo*. Notre mer.
»	Paon	»	Pavo, Cuv. et Val.	C'est la *Girélo turco* des Niçois. Elle est assez rare à Nice. Je l'ai reçue des côtes d'Alger, mais non de notre littoral. A rechercher.
Rason	Ordinaire	Xyrichthys	Novacula, Bonaparte.	T. R. *Rat-de-mer*. Méditerranée.

Sous-Famille II. — Scariniens, Scarini.

Scare	Des Anciens	Scarus	Cretensis, Aldrov.	Méditerranée. Nice, T. R. ; Marseille, E. R. A rechercher.

Les Labridés so t des poissons saxatiles et, comme tels, ils fréquentent surtout les endroits peu profonds, garnis de roches et de varechs ; leur nourriture se compose de crustacés et d'échinodermes ; leur chair fade et molle est assez peu recherchée.

Famille XVII. — Pomacentridés, Pomacentridæ.

Chromis	Castagneau	Chromis	Castanea, Cuvier.	Cette espèce nommée *Castagnolo* dans les Alpes-Maritimes, est très commune à Nice et à Antibes, elle est encore assez commune à Toulon et à Marseille et pourtant je ne l'ai jamais reçue de notre côte. A rechercher.

Tribu III. — Acanthoptérygiens abdominaux, Acanthopterygii abdominales.

Famille XVIII. — Notacanthidés, Notacanthidæ.

Notacanthe	De la Méditerranée	Notacanthus	Mediterraneus, Filippi et Vérany.	Ces trois espèces rarissimes appartiennent à la mer de Nice. A rechercher sur notre côte.
»	Bonaparte	»	Bonaparte, Risso.	
»	De Risso	»	Rissoanus, Filip. et Vér.	

Famille XIX. — Gastérostéidés, Gasterostidæ.

Epinoche	Aiguillonnée	Gasterosteus	Acueleatus, Linné.	T. C. *Crebo-varlet, Espigno-bè, Estranglo-cat.* Tous les petits cours d'eau. Chair peu estimée à cause de la taille exiguë de ce poisson et de ses nombreuses arêtes et épines Le mâle construit un nid fort coquet.
»	A quatre épines	»	Quadrispinosa, Crespon.	Vistre et fossés de la plaine de Nimes.
»	A deux épines	»	Nemausensis, Crespon.	Eaux dormantes de la plaine de Nimes.
»	Argentée	»	Argentatissimus, Blanchard.	T. C. *Gendarmo.* Ruisseaux herbus qui parcourent la campagne dans les environs d'Avignon.

Il n'existe en France qu'une espèce d'Epinoche *(Gasterosteus acuelatus*, Linné), autour de laquelle viennent se ranger plusieurs races locales, dont trois se rencontrent communément dans la région.

Famille XX. — Aulostomidés, Aulostomidæ.

Centrisque	Bécasse	Centriscus	Scolopax, Linné.	A. C. *Pèis troumpèto.* Notre mer.

Famille XXI. — Tetragonuridés, Tetragonuridæ.

Tetragonure	De Cuvier	Tetragonurus	Cuvieri, Risso.	T. R. Nice, Toulon, Marseille. A rechercher.

Famille XXII. — Mugilidés, Mugilidæ.

Muge	Céphale	Mugil	Cephalus, Cuv. et Val.	T. C. *Cabot*. Toutes les côtes de la Méditerranée. Remonte le Rhône et on le prend souvent en septembre, lorsque les eaux de ce fleuve sont limpides. Dès que les premiers froids se font sentir ce poisson retourne à la mer.
»	Doré	»	Auratus, Risso	T. C. *Gaouto-rousso*, *Calaga*. Toutes nos côtes.
»	Capiton	»	Capito, Cuv. et Val.	T. C. *Uei-negre*, *Gaouto-rousso*. Toutes nos côtes.
»	Sauteur	»	Saliens, Risso.	A. R. *Baiounetto*, *Russo*. Notre mer
»	Labéon	»	Labeo, Cuv. et Val.	A. C. *Muge* Notre mer. Pénètre dans les étangs et les marais. Crespon l'a capturé dans le Vistre.
»	A grosses lèvres	»	Chelo, Cuvier.	C. *Canudo*, *Lisso negre*, *Sama*. Toutes nos côtes.

Surtout méditerranéens, les Muges se nourrissent principalement de chair ; ils aiment les eaux saumâtres et remontent souvent loin de l'embouchure des fleuves. Leur chair est tendre et savoureuse. Dans les gypses d'Aix on trouve des belles empreintes du *Mugil princeps*, Agassiz.

Famille XXIII. — Athérinidés, Atherinidæ.

Athérine	Hepset	Atherina	Hepsetus, Linné.	T. C. *Céuclet*. Tout notre littoral.
»	De Boyer	»	Boyeri, Risso.	C. *Tjol*, *Méletto*. Notre mer. Pénètre dans nos étangs.
»	Prêtre	»	Presbyter, Cuv. et Val.	Espèce de la Manche et de l'Atlantique qui se trouverait aussi, d'après Guichenot, sur les côtes de l'Algérie. A rechercher.
»	Mochon	»	Mochon, Cuv. et Val.	Aurait été pris à Cette. A rechercher.
»	De Risso	»	Risso, Cuv. et Val.	T. R. Nice. A rechercher.

La délicatesse de leur chair fait partout rechercher les Athérines et, comme elles se réunissent par bandes plus ou moins nombreuses, elles sont l'objet de pêches faciles et parfois relativement assez productives.

Famille XXIV. — Sphyrénidés, Sphyrænidæ.

Sphyrène	Spet	Sphyræna	Spet, Lacépède.	A. R. *Brouchet de mar*, *Péis-escaoumo*. Méditerranée. Chair très délicate.

SOUS-ORDRE II. — MALACOPTÉRYGIENS, MALACOPTERYGII.

Quatre tribus caractérisées d'après l'absence ou la position des nageoires ventrales.

A. — Tribu des Malocoptérygiens pseudapodes, Malacopterygii pseudapodes.

Famille XXV. — Ammodytidés, Ammodytidæ.

Ammodyte	Cicerelle	Ammodytes	Cicerellus, Rafinesque.	Nommé *Lussi* à Nice où il est assez rare. Ce poisson semble confiné sur ce point de la Méditerranée. Je ne l'ai jamais vu sur notre côte. Chair peu recherchée.

Famille XXVI. — Ophidiidés, Ophidiidæ.

Ophidie	Barbu	Ophidium	Barbatum, Linné.	A. C. *Dounselo*, *Doumaiselo*. Notre mer. Chair estimée.
»	De Vassali	»	Vassali, Risso.	A. C. Suivant Costa, l'Ophidie de Vassali ne serait qu'une variété de l'Ophidie barbu.
Fierasfer	Imberbe	Fierasfer	Imberbis, Linné.	A. R. Nice. A rechercher.

B. — Tribu des Malacoptérygiens subrachiens, Malacopterygii subrachii.

Famille XXVII. — Ptéridiidés, Pteridiidæ.

Ptéridion	Noir	Pteridium	Atrum, Pilippi et Vérany.	T. R. C'est le *Fanfre negre* des Niçois. A rechercher.

Famille XXVIII. — Gadidés, Gadidæ.

Sous-Famille I. — Gadiniens, Gadini.

Gade	Capelan	Gadus	Minutus, Linné.	T. C. *Capelan*. Méditerranée. Chair délicate.
»	Tacaud	»	Luscus, Linné.	Tandis que le *Capelan* est propre à la Méditerranée, le Tacaud semble habiter presque exclusivement la Manche et l'Océan atlantique. Cependant quelques individus auraient été pris à Nice. A rechercher.
Merlan	Commun	Merlangus	Vulgaris, Linné.	En 1882 un Merlan commun a été pris à Cette. (M. le docteur Em. Moreau, *in litteris*).
»	Poutassou	»	Poutassou, Risso.	A. C. *Merlan*. Méditerranée.

Sous-Famille II. — Moriniens, Morini.

Mora	De la Méditerranée	Mora	Mediterranea, Risso.	A. R. *Moro*. Nice. Se tient dans les grandes profondeurs. A rechercher.

Sous-Famille III. — Merluciniens, Merlucini.

Merlus	Ordinaire	Merlucius	Vulgaris, Cuvier.	T. C. *Merlan*. Toutes nos côtes. Chair estimée.
Uralepte	De Maraldi	Uraleptus	Maraldi, Risso.	A. R. *Moustelo negro*. Nice. M. Doumet donne cette espèce comme T. C. à Cette ; il la probablement confondue avec le Merlan Poutassou.

Sous-Famille IV. — Lotiniens, Lotini.

Lote	Commune	Lota	Vulgaris, Cuvier.	A. C. *Palmo* ; *Turgan* (Alais) ; *Ase* (Avignon). Vit dans les eaux douces et claires. Elle est très vorace et paraît chasser la nuit. Sa chair est des plus estimée. Les œufs seraient purgatifs.
»	Allongée	»	Elongata, Risso.	A. C. *Estocofi*, *Mouno*. Méditerranée.
»	Lépidion	»	Lepidion, Risso.	A. R. *Moustelo-de-founs*. Nice. A rechercher.
Phycis	Blennoïde	Phycis	Blennoides, Risso.	C. *Moulo*, *Mouno*. Toute la Méditerranée.
»	Méditerranéen	»	Mediterranea, Delaroche.	A. R. *Moustelo bruno*, *Tanco-de-mar*. Nice, Marseille. A rechercher.
Motelle	A trois barbillons	Motella	Tricirrata, Bloch.	C. *Moustelo*. Toutes nos côtes.
»	Tachetée	»	Maculata, Risso.	A. C. *Moustèlo*, *Mouno*. Méditerranée.
»	Brune	»	Fusca, Risso.	A. C. *Mouno-negre*. Méditerranée.

Famille XXIX. — Macrouridés, Macrouridæ.

Macroure	Célorhynque	Macrourus	Cælorhyncus, Risso.	R. *Grenadié*. Nice. T. R. sur notre littoral.
»	Trachyrhynque	»	Trachyrhyncus, Risso.	R. *Granadié*. Nice. T. R. Antibes. A rechercher.
Malacocéphale	Lisse	Malacocephalus	Lævis, Günther.	E. R. Nice. A rechercher.

Famille XXX. — Pleuronectidés, Pleuronectidæ.

Flétan	Commun	Hippoglossus	Vulgaris, Günther.	Une capture effectuée sur les côtes de Marseille, 26 avril 1883. A rechercher.
Flet	Moineau	Flesus	Passer, Risso.	T. C. *Plano*. Toutes nos côtes. Aime les eaux saumâtres et entre même dans les eaux douces. Est communément vendu sur nos marchés. C'est la Limande dont parle Crespon (page 304) sous le nom de *Platessa limanda*, Linné.
Sole	Commune	Solea	Vulgaris, Risso.	T. C. *Solo*, *Palaïgo*. Toutes nos côtes.
»	Lascaris	»	Lascaris, Risso.	A. C. *Verruga*. Toutes nos côtes.
»	De Klein	»	Kleinii, Risso.	A. R. *Roumbou*. Méditerranée.
»	Ocellée	»	Oculata, Rondelet.	A. R. *Solo de founs*, Nice ; *Pegouso*, Marseille. A rechercher.
Microchire	Jaune	Microchirus	Luteus, Risso.	A. R. *Solo*. Méditerranée.
»	Panache	»	Variegatus, Günther.	C. *Solo*. Notre littoral.
Monochire	Velu	Monochirus	Hispidus, Rafinesque.	R. *Bourrudo*, *Pialudo*, *Parpeïro*. Méditerranée. Chair peu estimée.
Pleuronecte	Unimaculé	Pleuronectes	Unimaculatus, Risso.	R. *Roumbou*. Méditerranée.
»	De Grohmann	»	Grohmanni, Bonaparte.	A. C. *Parpeïro*. Méditerranée. Cette espèce et la suivante sont, à cause de leur petite taille, mises avec le fretin, le poisson de rebut, et souvent même rejetées par les pêcheurs.
»	Arnoglosse	»	Arnoglossus, Bonaparte.	A. C. *Parpeïro*. Nos côtes.
»	Moucheté	»	Conspersus, Canestrini.	Espèce trouvée à Port-Vendres. A rechercher.
»	De Bosc	»	Boscii, Risso.	A. C. *Perpeïra*. Méditerranée.
»	Mégastome	»	Megastoma, Donov.	E. R. Cette A rechercher
»	Guitare	»	Citharus, Spinola.	A. C. *Perpeïra*, *Pretré*. Méditerranée.
»	Elégant	»	Candidissimus, Risso.	E. R. Nice. A rechercher.
Turbot	Commun	Rhombus	Maximus, Linné.	A. C. *Roun-clavela*. Toutes nos côtes.
Barbue	Commune	»	Lævis, Rondelet.	A. C. *Roun*, *Passar*. Toutes nos côtes.
Bothus	Rhomboïde	Bothus	Rhomboides, Bonaparte.	R. *Rombou*. Nice, Cannes. A rechercher.
»	Podas	»	Podas, Bonaparte.	T. R. *Rombou*. Nice. A rechercher.
Plagusie	Lactée	Plagusia	Lactea, Bonaparte.	E. R. Une capture à Cette, en septembre 1879. A rechercher.
Physiculus	De Dalwigk	Physiculus	Dalwigkii, Günther.	Accidentel. Villefranche. Vit à plus de 200 mètres de profondeur. A rechercher.

Les Pleuronectes sont mal doués sous le rapport de la locomotion, aussi vivent-ils dans la vase non loin des côtes où ils guettent leurs proies. Ils possèdent à un haut degré le pouvoir de mimétisme — c'est-à-dire qu'ils prennent généralement la coloration du fond qui les abrite — ce qui leur permet de se dérober plus facilement à leurs ennemis et d'atteindre avec moins de peine les êtres dont ils se nourrissent. Bien qu'essentiellement marins, ces Subraciens remontent parfois assez haut les fleuves et les rivières ; le Flet est surtout remarquable sous ce rapport. La chair de ces poissons est plus ou moins recherchée.

Famille XXXI. — Cycloptéridés, Cyclopteridæ.

Sous-Famille I. — Lépadogastériniens, Lepadogasterini.

Lépadogastère	Gouan	Lepadogaster	Gouanii, Lacépède.	A. R. *Marchand d'esco*. Toutes nos côtes.
»	De Brown	»	Brownii, Risso.	E. R. Nice. A rechercher.
»	De Candolle	»	Candollii, Risso	A. C. Toutes nos côtes.
»	A deux taches	»	Bimaculatus, Flem.	A. R. Toutes nos côtes.
»	Grêle	»	Gracilis, Canestr.	E. R. Nice. A rechercher.
Guanie	De Wildenow	Gouania	Wildenowii, Risso.	T. R. Nice. A rechercher.

Ces poissons, essentiellement carnivores sont très voraces ; ils avalent des proies relativement fort volumineuses. Ils se tiennent près du rivage, dans les endroits peu profonds, au milieu des rochers. Leur chair n'est pas utilisée.

C. — Tribu des Malacoptérygiens abdominaux, Malacopterygii abdominales.

Famille XXXII. — Cyprinidés, Cyprinidæ.

Sous-Famille I. — Cyprininiens, Cyprinini.

Carpe	Commune	Cyprinus	Carpio, Linné.	T. C. *Escarpo*. Etangs, marais, rivières. On trouve quelquefois sur nos marchés les formes dites Carpe à miroir et Carpe à cuir.
Carassin	Gibèle	Carassius	Gibelio, Bonap.	A. R. *Escarpo*. Etangs et marais. On la confond avec la Carpe commune. N'est qu'une variété du Carassin commun (*Carassius vulgaris*, Nilsson).
»	Doré	»	Auratus, Linné.	*Peissoun rouge* Espèce importée de la Chine et qu'on élève dans les pièces d'eau, les bassins et même dans des bocaux.
Barbeau	Commun	Barbus	Fluviatilis, Agassiz.	C. *Barbo*, *Barbeou*, *Barbel*. Nos eaux douces. Aime les fonds caillouteux. Les œufs passent pour vénéneux.
»	Méridional	»	Meridionalis, Risso.	A. R. *Barbeou*, *Durgan*. Commun dans tous les cours d'eau des Alpes-Maritimes, existe dans le Lez, l'Hérault et la Sorgue, près d'Avignon. A rechercher pour le Gard.
Tanche	Vulgaire	Tinca	Vulgaris, Cuvier.	A. C. *Tenco*, *Tencho*. Toutes nos eaux douces. Chair assez bonne.
Goujon	De Rivière	Gobio	Fluviatilis, Bellon.	C. *Gôfi*, *Bôfi*, *Goujoun*. Toutes nos eaux douces. Chair délicate.

Sous-Famille II. — Leucisciniens, Leuciscini.

Bouvière	Commune	Rhodeus	Amarus, Bloch.	A. R. *Piastre*. Rivières et ruisseaux. Chair amère et médiocrement estimée.
Vairon	Commun	Phoxinus	Lævis, Agassiz.	C. *Loco*, *Loco-ternieiro*, *Rouget*, *Veirou*. Toutes nos eaux douces.
Brême	Commune	Abramis	Brama, Linné.	C *Bremo*, *Bramo*, *Braimo*, *Duourado dou Rose*. Rhône, rivière, étangs, marais. Chair molle et pleine d'arêtes.
»	Bordelière	»	Bjœrkna, Linné.	C. *Bremo*, *Bramo*, *Braimo*. Rhône et ses affluents. Chair peu estimée.
Ablette	Commune	Alburnus	Lucidus, Hœckel et Kner.	A. C *Ablet*, *Ableto*, *Argentado*, *Nablo*, *Nadèlo*, *Ravanenco*. Nos eaux douces.
»	De Fabre	»	Fabræi, Blanchard.	*Nablo*. Cette Ablette trouvée dans le Rhône à Avignon, par le savant naturaliste vauclusien M. Henri Fabre, ne paraît être qu'une simple variété de l'espèce précédente.
»	Spirlin	»	Bipunctatus, Bloch.	A. C. *Sòfio*, *Sofio plato* (Avignon), *Rougeto* (Alais). Eaux du Gardon et de Vaucluse.
Rotengle	Rosse	Scardinius	Erythrophthalmus, Bonaparte.	A. C. *Sangar*, *Estranglo-varlet*. Etangs, marais et rivières. Chair peu recherchée.
Gardon	Commun	Leuciscus	Rutilus, Linné.	A. C. *Cabès*, *Cheranaou*. *Sangar*. Rivières, étangs et marais.
Chevaine	Soufie	Squalius	Souffia, Risso.	A. C. *Sof*, *Sofio*. Rhône, Gardon, Durance, Sorgue, Fontaine de Vaucluse.
»	Commune ou Meunier	»	Cephalus, Linné.	T. C. *Areston*, *Cabès*, *Cabot*. *Mounié*. Toutes nos eaux douces.
»	Méridionale	»	Meridionalis, Blanchard.	Espèce créée par M. Blanchard d'après des spécimens pris dans la Sorgue. Il ne faut voir dans la Chevaine méridionale qu'une simple variété du Meunier.
»	Vandoise	»	Leuciscus, Linné.	A. C. *Gandoise*, *Landoise*, *Sofio* ; *Turgan* (bords du Gardon). Les eaux douces.

Sous-Famille III. — Chondrostominiens, Chondrostomini.

Chondrostome	Nase	Chondrostomus	Nasus, Linné.	T. C. *Cabès*, *Sofio*, *Oumbret*. Rhône et ses affluents, Gardon, Durance, etc.
»	Du Rhône	»	Rhodanensis, Blanchard.	Cette *Sofio* prise à Avignon, n'est qu'une simple variété de l'espèce précédente.

La famille des Cyprinidés — *les poissons blancs* — renferme la majorité des poissons d'eau douce de notre pays. La valeur alimentaire de leur chair varie selon les espèces et le fond fréquenté par l'animal.

Famille XXXIII. — Cobitidés, Cobitidæ.

Loche	Franche	Cobitis	Barbatula, Linné.	T. C. *Locho*, *Loco*, *Lioucho*, *Dourmihouo*, *Loco-trenco*. Ruisseaux, étangs, parties peu profondes et pierreuses des rivières. Chair estimée.
»	De Rivière	»	Tænia, Linné.	C. *Tencho*, *Loco-tenco*. Les eaux courantes. Chair peu estimée.
»	D'étang	»	Fossilis, Linné.	A. R. *Palmo*. Etangs et marais. Chair assez estimée.

Famille XXXIV. — Clupéidés, Clupéidæ.

Melette	Phalérique	Meletta	Phalerica, Rondelet.	A. C. *Melèto*. Toute la Méditerranée.
Sardinelle	Auriculée	Sardinella	Aurita, Cuv. et Val.	R. *Arenc*, *Allechart*. Les côtes méditerranéennes.
Alose	Commune	Alosa	Vulgaris, Troschel.	A. C. *Alaouse*. Méditerranée. Au printemps remonte le Rhône par grandes bandes pour venir frayer. Chair assez estimée.
»	Finte	»	Finta, Cuvier.	A. C. *Alaouse*. A les mêmes mœurs que l'espèce précédente, mais elle fait sa montée un peu plus tard.
»	Sardine	»	Sardina, Bellon.	T. C. *Sardino*, *Nadelo*. Toutes nos côtes. Donne lieu à un commerce important.
Anchois	Vulgaire	Engraulis	Encrasicholus, Rondelet.	T. C. *Anchoio*, *Ladrat* (le jeune). Toutes nos côtes. Commerce important.

La famille des Clupéidés est l'une des plus utiles à l'homme; elle fournit des produits considérables à l'alimentation publique. Sans compter les marins qui vont à la pêche, que de personnes sont occupées aux diverses préparations que l'on fait subir aux Harengs, aux Anchois, aux Sardines.

Famille XXXV. — Alépocéphalidés, Alepocephalidæ.

Alépocéphale	A bec	Alepocephalus	Rostratus, Risso.	Espèce connue à Nice, où elle est très rare, sous le nom de *Caussinié*. A rechercher.

Famille XXXVI. — Esocidés, Esocidæ.

Brochet	Commun	Esox	Lucius, Linné.	A. C. *Bechet*, *Brouchet*, *Buchet*. Nos eaux douces. Il fraie en mars. Sa chair est assez recherchée. Ses œufs passent pour vénéneux.

Famille XXXVII. — Exocétidés, Exocœtidæ.

Sous-Famille I. — Béloniniens, Belonini.

Orphie	Vulgaire	Belone	Vulgaris, Selys-Longchamps.	T. C. *Aguïo*. Notre mer. Chair bonne, mais peu recherchée à cause de la teinte verte des os qui inspire de la répugnance à beaucoup de personnes.
»	Aiguille	»	Acus, Risso.	T. C. *Aguïo*. Notre mer.
»	Impériale	»	Imperialis, Rafinesque.	Espèce rarissime trouvée à Nice. A rechercher.
Scombrésoce	De Rondelet	Scombresox	Rondeletii, Cuv. et Val.	T. R. sur notre côte, plus commune à Nice.

Sous-Famille II. — Exocétiniens, Exocetini.

Exocet	De Rondelet	Exocetus	Rondeletii, Cuv. et Val.	A. R. *Pèis-voulant*. Notre mer.
»	Volant	»	Volitans, Linné.	A. R. *Peis-voulant*. Toutes nos côtes.
»	Fuyard	»	Evolans, Linné.	T. R. Toutes nos côtes.
»	Procne	»	Procne, Filippe et Vérany.	T. R. Nice. A rechercher.

Famille XXXVIII. — Stomiatidés, Stomiatidæ.

Stomias	Boa	Stomias	Boa, Risso.	T. R. *Moureno*. Notre mer. La chair passe pour vénéneuse.

Famille XXXIX. — Scopélidés, Scopelidæ.

Sous-Famille I. — Chauliodontiniens, Chauliodontini.

Chauliode	De Sloane	Chauliodus	Sloani. Bloch.	T. R. Nice. A rechercher.
Odontostome	Balbo	Odontostomus	Balbo, Risso.	E. R. Nice. A rechercher.

Sous-Famille II. — Sternoptyginiens, Sternoptygini.

Argyropelecus	Demi-nu	Argyropelecus	Hemigymnus, Cocco.	E. R. Nice. A rechercher.

Sous-Famille III. — Scopéliniens, Scopelini.

Scopèle	Crocodile	Scopelus	Crocodilus, Risso.	A. R. Nice. A rechercher.
»	De Humboldt	»	Humboldti, Risso.	A. R. Nice, Hyères. A rechercher.
»	De Bonaparte	»	Bonapartii, Cuv. et Val.	R. Nice. A rechercher.
Maurolicus	Améthyste	Maurolicus	Amethystino-punctatus, Cocco	E. R. Nice. A rechercher.
Saurus	A bandes	Saurus	Fasciatus, Risso.	T. R. Nice, Toulon, Marseille. A rechercher.
Aulope	Filamenteux	Aulopus	Filamentosus, Bloch.	R. Nice, Marseille. A rechercher.

Sous-Famille IV. — Paralépidiniens, Paralepidini.

Paralepis	Corégonoïde	Paralepis	Coregonoides, Risso.	T. R. Nice. A rechercher.
»	Sphyrénoïde	»	Sphyrænoides, Risso.	R. Nice. A rechercher.

Famille XL. — Salmonidés, Salmonidæ.

Saumon	Commun	Salmo	Salar Linné.	*Saoumoun*. Manque probablement encore dans la Méditerranée et dans les fleuves qui en sont tributaires (Em. Moreau). On a tenté de l'introduire dans nos eaux : Lez, Gardon, Vaucluse. Ces essais sont trop récents pour pouvoir discuter le résultat obtenu.
Ombre	Chevalier	»	Umbla, Linné.	R. *Oumbre*, *Oumbre-chivaié*. Le Rhône au Pont-Saint-Esprit et à Caderousse.
Truite	Commune	Trutta	Fario, Linné.	A. C. *Truito*, ***Troucho***, *Trucho*. Eaux claires et vives. Gardon, Vaucluse, etc. Plus rare dans le Rhône. Chair très estimée. La Truite est dite saumonée, quand sa chair est rouge. Alors elle porte les noms vulgaires de ***Pichot saoumoun*** et de ***Truito rouge***.
»	Marine	»	Marina, Duhamel.	Existence douteuse pour notre faune, bien que la ***Statistique*** des B.-du-Rh. l'indique comme se trouvant dans le Rhône.
Eperlan	Commun	Osmerus	Eperlanus, Lacépède.	R. Dans le Rhône où il vient pour frayer mais il s'écarte rarem.nt de ses embouchures.
Ombre	Commune	Thymallus	Vulgaris, Nilsson.	R. *Oumbret*, *Oumbreto*. Hérault, Gardon, Vaucluse, Rhône, etc.
Coregone	Lavaret	Coregonus	Lavaretus, Cuv. et Val.	On le pêcherait quelquefois dans le Rhône (Em. Moreau). A rechercher.
Argentine	Sphyrène	Argentina	Sphyræna, Linné.	C. *Pèis d'argent*. Notre mer. Chair peu estimée.
Microstome	Arrondi	Microstoma	Rotundata, Risso.	E. R. Nice. A rechercher.

D. — Tribu des Malacoptérygiens apodes, Malacopterygii apodes.

Famille XLI. — Anguillidés, Anguillidæ.

Anguille	Vulgaire	Anguilla	Vulgaris, Linné.	T. C. *Anguielo*, *Baoumarenco*, *Chinan*, *Fino*, *Margagnoun ou Lachinan*, *Pounchuroto*, *Pougnov*, *Sant Janenco* ; *Bouiroun* (les jeunes lors de la montée). Notre mer, fonds vaseux. Au printemps des quantités énormes de petites Anguilles quittent les eaux saumâtres et font la *montée* dans les eaux douces. Chair assez délicate, mais difficile à digérer.
»	A large bec	»	Latirostris, Risso.	Ne doivent être considérées que comme de simples races locales de l'Anguille vulgaire.
»	A bec moyen	»	Mediorostris, Risso.	
»	A bec oblong	»	Oblongirostris, Risso.	
»	A long bec	»	Acutirostris, Risso.	
»	De Kiener	»	Kieneri, Kaup.	
Congre	Commun	Conger	Vulgaris, Cuvier.	C. *Coungre*, *Fiela*. Toutes nos côtes ; n'est même pas rare dans nos ports. La chair des individus jeunes est blanche et de bon goût, celle des vieux est lourde et indigeste.
»	Noir	»	Niger, Risso.	A. C. *Coungre negre*. Toutes nos côtes. Est une simple variété de l'espèce précédente.
»	Des Baléares	»	Balearicus, Delaroche.	T. R. Mer de Nice. A rechercher.
»	A larges lèvres	»	Mystax, Delaroche.	C. Notre mer.
Leptocéphale	De Morris	Leptocephalus	Morrissii, Gmelin.	Est l'état larvaire du Congre commun.

Famille XLII. — Myridés, Myridæ.

Myre	Commun	Myrus	Vulgaris, Kaup.	A. R. *Demouiesélo*. Notre mer.

Famille XLIII. — Murénidés, Murenidæ.

Murène	Hélène	Murœna	Helena, R. Linné.	A. R. *Moureno*. Mer, prairies profondes et brounde. Chair très estimée.
»	Unicolore	»	Unicolor, Delaroche.	R. *Moureno*. Nos côtes.
Nettastome	Queue noire	Nettastoma	Melanura, Rafinesque.	A. R. à Nice. A rechercher.

Famille XLIV. — Ophisuridés, Ophisuridæ.

Ophisure	Serpent	Ophisurus	Serpens, Linné.	A. R. *Ser-de-mar*. Méditerranée. Graviers vaseux.
»	D'Espagne	»	Hispanus, Belloti.	E. R. Nice, Cannes. A rechercher.

Famille XLV. — Sphagebranchidés, Sphagebranchidæ.

Sphagebranche	Imberbe	Sphagebranchus	Imberbis, Delar.	T. R. *Moruo*. Notre mer, graviers vaseux.
»	Aveugle	»	Cæcus, Bonaterre.	T. R. *Bissa*. Nice. A rechercher.

SOUS-ORDRE III. — PLECTOGNATHES, PLECTOGNATHI.

A. — Tribu des Gymnodontes, Gymnodontes.

Famille XLVI. — Orthagoriscidés, Orthagoriscidæ.

Orthagorisque	Mole	Orthagoriscus	Mola, Schneider.	A. R. *Molo*, *Fanfre*, *Luno*, *Roun-de-mar*. Pélagique.
»	Oblong	»	Oblongus, Schneider.	E. R. *Molo*. Pélagique.

B. — Tribu des Sclerodermes, Sclerodermi.

Famille XLVII. — Balistidés, Balistidæ.

Baliste	Caprisque	Balistes	Capricus, Linné.	T. R. *Porc*. Méditerranée. Pélagique.

Famille XLVIII. — Ostracionidés, Ostracionidæ.

Coffre	A bec	Ostracion	Nasus, Bloch.	E. R. *Cofre*. Nice. A rechercher.
»	Trigone	»	Trigonus, Linné.	Accidentel. Nice. A rechercher.

SOUS-ORDRE IV. — LOPHOBRANCHES, LOPHOBRANCHII.

Famille XLIX. — Syngnathidés, Syngnathidæ.

Sous-Famille I. — Hippocampiniens, Hippocampini.

Hippocampe	Moucheté	Hippocampus	Guttulatus, Cuvier.	C. *Chivaou-marin*, *Gagnolo*. Toutes nos côtes. Prairies profondes.
»	A museau court	»	Brevirostris, Cuvier.	A. C. *Chivaou-de-mar*. Toutes nos côtes.

Sous-Famille II. — Syngnathiniens, Syngnathini.

Syngnathe	Aiguille	Syngnathus	Acus, Linné.	T. R. dans la Méditerranée. Prairies profondes.
»	Rougeâtre	»	Rubescens, Risso.	A. C. *Aguio, Ser.* Notre mer.
»	Tenuirostre	»	Tenuirostris, Rathke.	R. Notre mer.
»	Ether	»	Ethon, Risso.	R. *Cavau.* Nice A rechercher.
»	Abaster	»	Abaster, Risso.	R. Méditerranée.
»	Phlégon	»	Phlegon, Risso.	A. R. *Gasanet* Méditerranée. A la surface et en troupes.
Syphonostome	Typhle	Syphonostoma	Typhle, Linné.	A. R. Notre mer.
»	Argenté	»	Argentatum, A. Duméril.	A. C. Notre mer.
»	De Rondelet	»	Rondeletii, Delaroche.	R. Notre mer.

Sous-Famille III. — Nérophiniens, Nerophini.

Entelure	De mer	Entelurus	Æquoreus, Linné.	T. R. Toutes nos côtes.
»	Serpentiforme	»	Anguineus, A. Duméril.	A. R. Toutes nos côtes.
Nérophis	Annelé	Nerophis	Annulatus, Kaup.	A. R. *Bisso, Cavau* à Nice. Toutes nos côtes. Prairies profondes.
»	Ophidion	»	Ophidion, Bonaparte.	A. R. Toutes nos côtes.

ORDRE III. — GANOIDES, GANOIDEI.

SOUS-ORDRE I. — STURIONIENS, STURIONES.

Famille L. — Acipenseridés, Acipenseridæ.

Esturgeon	Ordinaire	Acipenser	Sturio, Linné.	*Estioun, Esturjoun.* Encore commun dans notre mer où il se tient dans la vase du large et des abords du Rhône. Remonte le fleuve pour frayer. Sa montée a lieu un peu après celle des Aloses. Est devenu rare dans le Rhône, tandis qu'il y a vingt ans on en prenait à Villeneuve une centaine par année. Ils pesaient de 30 à 120 kilog. Actuellement ceux qui s'aventurent dans notre fleuve ont un poids bien moindre. Sa chair est tenue ici en médiocre estime et on assure qu'elle vaut moins que celle du Thon. Les œufs servaient à amorcer les *Gouchaou*, sorte de nasse en osier dont on se sert pour prendre les Barbeaux.

ORDRE IV. — PLAGIOSTOMES, PLAGIOSTOMI.

SOUS-ORDRE I. — CHIMÈRES, CHIMÆRÆ.

Famille LI. — Chiméridés, Chimæridæ.

Chimère	Monstrueuse	Chimæra	Monstrosa, Linné.	T. R. *Cat* ou *Gat-marin, Rat-de-mar.* Méditerranée. Fonds vaseux.

SOUS-ORDRE II. — SÉLACIENS, SELACHA.

GROUPE I. — RAIES, RAIINÆ.

Tribu I. — Céphaloptériens, Cephalopteri.

Famille LII. — Céphaloptéridés, Cephalopteridæ.

Céphaloptère	Giorna	Cephalopters	Giorna, Risso.	T. R. *Clavelado fero*, *Vaqueto*. Nice, Marseille. A rechercher.
»	Masséna	»	Massena, Risso.	E. R. *Vacco*. Nice, Marseille. A rechercher.

Famille LIII. — Myliobatidés, Myliobatidæ.

Myliobate	Aigle	Myliobatis	Aquila, C. Duméril.	A. C. *Aiglo-de-mar*. Toutes nos côtes.
Mourine	Vachette	»	Bovina, G. Saint-Hilaire.	Méditerranée. A rechercher.

Famille LIV. — Trygonidés, Trigonidæ.

Pastenague	Commune	Trygon	Vulgaris, Risso.	A. R. *Pastenago*. Nice, Cette.
»	Bruccon	»	Brucco, Bonaparte.	T. R. Nice. A rechercher.
»	Violette	»	Violacea, Bonaparte.	E. R. Idem.
»	Bouclée	»	Aspera, Bellon.	E R. Idem.
Ptéroplatée	Altavelle	Pteroplatea	Altavela, Müll. et Henl.	E. R. *Masco*, *Choucho-bastardo*. Deux captures : Nice (Novembre 1886), Cette (Avril 1887). A rechercher.

Les Céphaloptères, les Myliobates et les Pastenagues donnent une chair peu estimée et qui souvent même est rejetée de l'alimentation. Ces poissons ont d'ordinaire la queue armée d'un ou de deux aiguillons à dentelures latérales à pointes dirigée d'arrière en avant qui constitue une arme des plus dangereuses et des plus redoutées. Aussi les pêcheurs ont-ils le soin de couper la queue de l'animal dès qu'ils l'ont amené à bord.

Tribu II. — Batidés, Batides.

Famille LV. — Raiidés, Raiidæ.

Raie	Bouclée	Raia	Clavata, Rondelet.	C. *Clavelado*. Toutes nos côtes. La Raie Cuvier (*Raia Cuvieri*, Lacépède) n'est qu'une variété de la *Clavelado* portant une nageoire au milieu du disque.
»	Circulaire	»	Circularis, Couch.	A. R. *Roui*. Nos côtes. Nous avons surtout la variété Nævus.
»	Chagrinée	»	Chagrinea, Pennant.	R. à Nice et à Marseille, où on la nomme *Floussado*, *Flassado*. A rechercher.
»	Oxyrhynque	»	Oxyrhyncus, Linné.	A. C. *Copouchou*. Nos côtes.
»	Macrorhynque	»	Macrorhyncus, Rafin.	A. C. *Augustino*. Nos côtes.

Raie	Batis	Raia	Batis, Linné.	A. C. *Augustino*. Toutes nos côtes. Fonds vaseux.
»	Blanche	»	Alba, Lacépède.	A. R. *Blanqueto*. Nos côtes.
»	Bordée	»	Marginata, Lacépède.	A. R. *Miraiet*. Ne serait pour beaucoup de zoologistes que l'état jeune de l'espèce précédente.
»	Rape	»	Radula, Delaroche.	E. R. Méditerranée. Je la connais de Nice. A rechercher.
»	Miraillet	»	Miraletus, Rondelet.	A. C. *Miraiet*. Méditerranée.
»	A quatre taches	»	Quadrimaculatus, Risso.	A. R. *Pelouselo*. Nos côtes.
»	Ponctuée	»	Punctata, Risso.	A. C. *Miraiet*. Toutes nos côtes.
»	Miroir	»	Speculum, Blainville.	N'est qu'une variété de la Raie ponctuée portant une grande tâche sur la pectorale.
»	Etoilée	»	Asterias, Rondelet.	A. C. Toutes nos côtes.
»	Chardon	»	Fullonica, Rondelet.	A. R. *Clavelado*. Habite surtout la Méditerranée.
»	Mosaïque	»	Mosaïca, Lacépède.	A. C. *Blanqueto*. Nos côtes.

En général la chair des Raies est dure et coriace ; aussi, après la capture, les garde-t-on quelques jours avant de les mettre en vente. On leur communique ainsi une certaine délicatesse et on leur enlève leur odeur de vase. Le transport modifie avantageusement la qualité de leur chair ; « *Longa enim vectura tenerescit* » disait, et non sans raison, Aldrovandi.

Famille LVI. — Torpédidés, Torpedidæ.

Torpille	Marbrée	Torpedo	Marmorata, Risso.	C. *Galino*, *Endourmidouido*. Toutes nos côtes. Un exemplaire figure au Musée Requien, à Avignon. Il aurait été capturé dans le Rhône.
»	A taches	»	Oculata, Bellon.	A. C. *Galino* Nos côtes. Fonds vaseux.
»	De Nobili	»	Nobiliana, Bonaparte.	T. R. *Galino*. Notre mer.

La chair des Torpilles passe pour malsaine ; elle sent la vase et est fort molle. Ces poissons possèdent, de chaque côté du corps, un organe électrique — dont le pôle positif est à la face dorsale et le pôle négatif à la face ventrale — capable de donner des décharges qui peuvent engourdir ou même tuer les animaux dont ils se nourrissent.

Tribu III. — Squatinoraies, Squatinoraiæ.

Famille LVII. — Pristidés, Pristidæ.

Scie	Des anciens	Pristis	Antiquorum, Latham.	*Resso-de-mar*. Accidentellement. Notre mer.
»	Pectinée	»	Pectinatus, Latham.	*Resso-de-mar*. Id.

Comme espèces fossiles trouvées dans notre région on peut citer : *Hemipristis paucidens*, Agassiz (Caromb, Saint-Didier, Entraigues, Bompas, Léberon) ; *H. Serra*, Ag. (Saint-Siffret, les Angles, Malaucène, Saint-Didier, Léberon).

Famille LVIII. — Rhinobatidés, Rhinobatidæ.

Rhinobate	De Colonna	Rhinobatus	Columnæ, Bonaparte.	Accidentel. En 1879 j'en ai vu un spécimen capturé dans la Méditerranée, non loin de Marseille. Un exemple figure au Musée Requien, à Avignon, mais sans porter l'indication de la provenance.

GROUPE II. — SQUALES, SQUALI.

Tribu I. — Squales anhypotériens, Squali anhypopterii.

Famille LIX. — Squatinidés, Squatinidæ.

Squatine	Ange	Squatina	Angelus, Risso.	A. R. *Ange*, *Péis-angi*. Toutes nos côtes. Chair très médiocre.
»	Ocellée	»	Oculata, Bonap.	N'est qu'une simple variété de l'espèce précédente.

Famille LX. — Scymnidés, Scymnidæ.

Squale	Bouclé	Echinorhinus	Spinosus, Blainville.	R. *Mounge-Clavela*. Nos côtes méridionales et occidentales.
Laimargue	Long-museau	Læmargus	Rostratus, Risso.	Le *Bardoulin de founs* ou *Moure plat* ou *Diable* est T. R. à Nice et à Marseille. A rechercher.
Liche	Commune	Scymnus	Lichia, Müll. et Henle.	R. *Gato cousiniero*, *Gato-de-founs*. Nos côtes. Chair peu appréciée.

Famille LXI. — Spinacidés, Spinacidæ.

Centrine	Humantin	Centrina	Vulpecula, Bellon.	A. R. *Bernadet*, *Porc*, *Péis-pouar*, *Porc-marin*. Notre littoral. Chair dure et de peu de saveur.
Centroscymne	Célolépis	Centroscymnus	Cœlolepis, Boc. et Cap.	E. R. Mer de Nice. A rechercher.
Centrophore	Granuleux	Centrophorus	Granulosus, Müll. et Henle.	E. R. Méditerranée. A rechercher.
Squale	Sacre	Spinax	Niger, H. Cloquet.	A. R. *Moro*. Nos côtes.
Aiguillat	Commun	Acanthias	Vulgaris, Risso.	T. C. *Aguiat*. Toutes nos côtes. Chair dure, filamenteuse.
»	De Blainville	»	Blainville, Risso.	A. C. *Aguïat*. Méditerranée.
»	Uyat	»	Uyatus, Müll. et Henle.	Accidentellement sur nos côtes.

Tribu II. — Squales hypoptériens, Squali hypopterii.

Sous-Tribu des Notidaniens, Notidani.

Famille LXII. — Notidanidés, Notidanidæ.

Squale	Perlon	Heptanchus	Cinereus, Müll. et Henle.	T. R. *Mounge-gris*. Notre littoral.
»	Griset	Hexanchus	Griseus, Rafinesque.	A. R. *Bouco-douço*, *Mounge*. Nos côtes.

Sous-Tribu des Squaliens, Squalii.

Famille LXIII. — Carcharidés, Carcharidæ.

Requin	Bleu	Carcharias	Glaucus, Cuvier.	A. C. *Chin blu*, *Cagnaou*, *Cagnot blanc*, *Verdoun*. Toutes nos côtes.
»	A museau obtus	»	Obtusirostris, Em. Moreau.	A. C. *Souras*. Méditerranée.
»	De Milbert	»	Milberti, Valenc.	E. R. Quelques rares captures à Nice ; deux à Cette en 1887 et 1889.

Famille LXIV. — Zygénidés, Zygænidæ.

Marteau	Commun	Zygæna	Malleus, Valenc.	A. R. *Marteou*, *Pèis-Jusièu*, *Pèis-luno*. Toutes nos côtes. Chair dure et coriace.
»	Maillet	»	Tudes, Valenc.	E. R. *Pantouflié*, *Scroseno*. Méditerranée, Nice. A rechercher.

Famille LXV. — Galéidés, Galeidæ.

Thalassine	De Rondelet	Thalassinus	Rondeletii, Risso.	R. *Pèis-can*, *Cagnot*. Nos côtes.
Milandre	Commun	Galeus	Canis, Rondelet.	C. *Milandre-Chin*, *Cagnot*, *Caniculo*, *Paloun*. Toutes nos côtes. Chair ferme, fade, d'odeur désagréable.

Famille LXVI. — Mustelidés, Mustelidæ.

Emissole	Commune	Mustelus	Vulgaris, Müll. et Henle.	C. *Lentio*, *Missolo*, *Nissolo*. Toutes nos côtes. Chair peu estimée. L'Emissole pointillée (*Mustelus punctulatus*, Risso) n'est qu'une variété de l'Emissole commune.
»	Lisse	»	Lævis, Risso.	A. C. *Missolo*. *Palouno*. Nos côtes.

Famille LXVII. — Lamnidés, Lamnidæ.

Pelerin	Vulgaire	Selache	Maximus, Cuvier.	Espèce douteuse pour notre région. On l'a capturée pourtant sur les côtes du Portugal et dans les environs de Gênes. A rechercher.
Carcharodonte	Lamie	Carcharodon	Lamia, Bonap.	A. C. *Alami*, *Lami*, *Requin*. Méditerranée. Chair dure, coriace, indigeste.
Oxyrhine	De Spallanzani	Oxyrhina	Spallanzanii, Bonap.	A. C. *Lami*. Nos côtes. Chair comestible.
Lamnie	Long-nez	Lamna	Cornubica, Cuvier.	R. *Pichot Lami*, *Redouno*, *Melantoun*. Toutes nos côtes. Chair assez estimée.

Cette famille devait être remarquablement représentée lors de la période Helvétienne (Molasse coquillière de Dumas, Falunien de d'Orbigny) si l'on en juge par les nombreux restes fossiles qu'elle a laissés dans notre région : *Carcharodon megalodon*, Agassiz (carrières des Angles, de Beaucaire, de Barbentane et de Sommières); *C. productus*, Ag. (les Angles, Sommières, Sorgues et Malaucène) ; *C. angustidiens*, Ag. (des Angles et de Sommières) ; *C. bisauritus*, Ag. et *C. disauris*, Ag. (des Angles) ; *Carcharodon* indéterminé (Cucuron, Apt, Bonpas, Caromb, Puyméras, Courthézon et Chateauneuf-Calcernier) ; *Oxyrhina xiphodon*, Ag. (Uzès, Sommières, Bonpas et Cucuron) ; *O. Desorii*, Ag. (Sommières, Gressac près Uzès, Entraigues, Courthézon, Saint-Didier, Mazan, Bonpas, Barroux et Cucuron) ; *O. macrorhiza*, Pictet (Jarriguette) ; *O. hastalis*, Ag. (Sommières, les Angles, Védène, Saint-Didier et Bonpas) ; *O. plicatilis*, Ag. (Uzès) ; *Lamna (Odontaspis) contortidens*, Ag. (Sommières, Souvinargues, Mus, Castillon, les Angles, Saint-Didier et Robion) ; *L. dubia*, Ag. (quartier de Biron à Villevielle près Sommières, les Angles, Védène, Entraigues, Sérignan, Léberon, Bonpas, la Bastidonne, Cucuron et Visan) ; *L. lepida*, Ag. (Saint-Didier et Robion) ; *L. crassidens*, Ag. (Villeneuve-lès-Avignon) ; *L. elegans*, Ag. (Villevielle près Sommières et Sauveterre) ; *Lamna* indéterminé (Saint-Côme et la côte de Bertrand).

Famille LXVIII. — Odontaspidés, Odontaspidæ.

Odontaspide	Taureau	Odontaspis	Taurus, Müll. et Henle.	E. R. *Lamio, Verdoun*. Méditerranée, Nice. A rechercher.
»	Féroce	»	Ferox, Agassiz.	E. R. Méditerranée. A rechercher.

Dans l'albien de Pradon (Gard), on trouve les restes fossiles de l'*Odontaspis subulata*, Agassiz.

Famille LXIX. — Alopécidés, Alopecidæ.

Renard	Vulgaire	Alopias	Vulpes, Bonaparte.	A. C. *Pèis-espaso, Pèis-ratou, Rinard.* Toutes nos côtes. Se montre surtout en août. Sa chair dure, huileuse est pourtant mangée. A Cette on la vend sous le nom de Thon blanc. Atteint une taille de plus de 5 mètres et peut peser 150 kilogr.

Famille LXX. — Scylliidés, Scylliidæ.

Pristiure	A bouche noire	Pristiurus	Melanostomus, Bonap.	Le *Bardoulin* ou *Lambardo* vit dans la mer de Nice et de Marseille. Sa chair est dure et coriace. A rechercher.
Grande	Roussette	Scyllium	Canicula, Cuvier.	C. *Pinto-rousso. Cato-rousso*, ***Can*** ou ***Chin-de-mar***, *Gat-anguié.* Toutes nos côtes. Chair dure et peu estimée ; le foie serait toxique.
Petite	Roussette	»	Catulus, Cuvier.	A. C. *Gat, Gato d'aigo. Cato-rouquiero.* Toutes nos côtes.

ORDRE V. — CYCLOSTOMES, CYCLOSTOMI.

Famille LXXI. — Petromyzonidés, Petromyzonidæ.

Lamproie	Marine	Petromyzon	Marinus, Linné.	A. C. *Lampre, Lamprèso, Lampèso.* Notre mer. Au printemps elle remonte le Rhône, souvent en se fixant au corps des Aloses. Chair estimée.
»	Fluviatile	»	Fluviatilis, Linné.	A. R. *Lampre, Lamproi, Lamprèso.* Etangs et rivières, surtout de la plaine.
»	De Planer	»	Planeri, Bloch.	A. C. *Lampre, Lamprego, Lampresoun*, ***Auboui*** (Hautbois), ***Chatouio.*** Eaux de l'Hérault, du Gardon, de Vaucluse, etc.
Ammocète	Branchiale	Ammocœtes	Branchialis, Selys-Lonchamps	A. C. *Lampre.* Nos ruisseaux. N'est que l'état larvaire de la Lamproie de Planer.

ORDRE VI. — AMPHIOXIENS, AMPHIOXI.

Famille LXXII. — Branchiostomidés, Branchiostomidæ.

Branchiostome	Lancéolé	Branchiostoma	Lanceolatum, Yarrel.	Sables des bords de mer. Par ses caractères embryogéniques et anatomiques ce Vertébré primitif établit la transition aux INVERTÉBRÉS.

DU MÊME AUTEUR

Mémoire sur l'exercice simultané de la Médecine et de la Pharmacie dans les grandes et les petites villes ; ses inconvénients et ses avantages pour les Malades et le Médecin. (Mention honorable du Comité médical des Bouches-du-Rhône, 29 avril 1876). *Epuisé.*

Nomenclature Franco-Provençale des plantes qui croissent spontanément dans notre région ou qui y sont l'objet de grandes cultures. (Paris, 1877, in-8o de 186 pages). *Epuisé.*

Essai sur l'Histoire Naturelle des Poissons de la Provence et des départements circonvoisins, 1er fascicule. (Plagiostomes et Ganoïdes). Paris, in-4o de 84 pages.

Notes sur les Mammifères de la Provence. (Marseille, 1880, in-8o de 70 pages),

Essai sur les Vertébrés anallantoïdiens de la Provence et des départements limitrophes. Paris, 1882, in-8o de 450 pages avec figures dans le texte. (Médailles d'argent, Draguignan, 1882 ; Marseille 1885).

Synonymie provençale des Champignons de Vaucluse. (Marseille, 1886, in-8o de 250 pages, avec figures dans le texte).

Note sur les animaux venimeux de la Provence. (Paris, 1886, grand in-8o de 84 pages).

Note sur les Rongeurs de la Provence. (Paris, 1888, in-8o de 90 pages).

Les Champignons de la Provence et du Gard. (Paris, 1894, grand in-8o).

En collaboration avec Mlle Guende.

Prodrome d'Histoire Naturelle du département de Vaucluse. (Paris, 1894, in-8o.

Flore du département de Vaucluse. (En impression).

www.ingramcontent.com/pod-product-compliance
Lightning Source LLC
LaVergne TN
LVHW050428160826
845677LV00002BA/594